本书由河北省科学院高层次人才培养与资助项目（2023G11）资助

区块链征信

主　编：成　彬　刘春成

副主编：宋书彬　左　丽　赵伟昕

中国商业出版社

图书在版编目（CIP）数据

区块链征信 / 成彬，刘春成主编 . -- 北京：中国
商业出版社，2023.12
ISBN 978-7-5208-2812-3

Ⅰ . ①区… Ⅱ . ①成… ②刘… Ⅲ . ①区块链技术 –
信用制度 – 中国 Ⅳ . ① TP311.135.9 ② F832.4

中国国家版本馆 CIP 数据核字（2023）第 231111 号

责任编辑：陈　皓
策划编辑：常　松

中国商业出版社出版发行
（www.zgsycb.com　100053 北京广安门内报国寺 1 号）
总编室：010-63180647　编辑室：010-83114579
发行部：010-83120835/8286
新华书店经销
三河市吉祥印务有限公司印刷

*

787 毫米 ×1092 毫米　16 开　12.5 印张　220 千字
2023 年 12 月第 1 版　2023 年 12 月第 1 次印刷
定价：80.00 元

*　*　*　*

（如有印装质量问题可更换）

前　言

目前，我国征信体系建设尚未跟上新兴经济高速发展的步伐。一方面，基于互联网的信用行为信息的采集存在错、偏、漏问题，征信数据库状况参差不齐，征信机构间的数据缺乏共享，难以构建更精细的用户信用画像；另一方面，现行征信体系还不够完善，信息修改机制还不严谨，易出现数据被篡改而影响征信权威性等问题。

区块链技术的出现，为我国征信信息缺失、错漏和提取难问题提供了新的解决方案，有助于推进征信体系建设，为经济发展营造良好的诚信基础。

区块链技术具有去中心化、分布式账簿、不可篡改和智能合约等特点，将其应用于征信行业中，可大大提高数据的真实性和安全性，提升征信数据交易的效率，加快解决当前征信所面临的各类问题。

本书由河北省科学院应用数学研究所、河北工业职业技术大学、天津武警总队、恒实信用有限责任公司、中国人民银行石家庄中心支行的专家联合编写。在此，对编写本书的所有人员表示衷心感谢。

受编者学识水平、经验的限制，本书中不足之处在所难免，恳请广大读者指正。

目　录

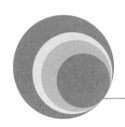

第一章　征信与征信体系

征信与征信体系知识结构导图如图 1-1 所示。

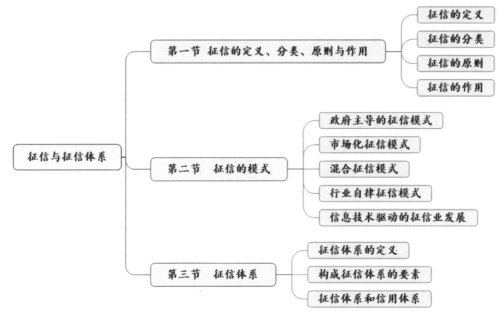

图 1-1　征信与征信体系知识结构导图

第一节　征信的定义、分类、原则与作用

一、征信的定义

征信是依法采集、整理、保存、加工自然人、法人及其他组织的信用信息，并对外提供信用报告、信用评估、信用信息咨询等服务，帮助客户判断、控制信用风险，进行信用管理的活动。

我国最早关于"征信"的词语，出自《左传·昭公八年》中的"君子之言，信而有征，故怨远于其身"。其中，"信而有征"即为可验证其言为信实，或征求、验证信用。

现代社会中征信就是专业化的、独立的第三方机构为个人或企业建立信用档案，依法采集、客观记录其信用信息，并依法对外提供信用信息服务的一种活动，它为专业化的授信机构提供了信用信息共享的平台。

二、征信的分类

（一）企业征信和个人征信

按业务模式可分为企业征信和个人征信两类。企业征信主要是收集企业信用信息、生产企业信用产品；个人征信主要是收集个人信用信息、生产个人信用产品。有些国家这两种业务类型由一个机构完成，也有的国家是由两个或两个以上机构分别完成，或者在一个国家内既有单独从事个人征信的机构，也有从事个人和企业两种征信业务类型的机构，一般都不加以限制，由征信机构根据实际情况自主决定。

（二）信贷征信、商业征信、雇佣征信

按服务对象可分为信贷征信、商业征信、雇佣征信以及其他征信。信贷征信主要服务对象是金融机构，为信贷决策提供支持；商业征信主要服务对象是批发商或零售商，为赊销决策提供支持；雇佣征信主要服务对象是雇主，为雇主用人决策提供支持。另外，还有其他征信活动，诸如市场调查，债权处理，动产、不动产鉴定等。各类不同服务对象的征信业务，有的是由一个机构来完成，有的是在围绕具有数据库征信机构上下游的独立企业内来完成。

（三）区域征信、国内征信、跨国征信

按征信范围可分为区域征信、国内征信、跨国征信。区域征信一般规模较小，只在某一特定区域内提供征信服务，这种模式一般在征信业刚起步的国家存在较多，征信业发展到一定阶段后，大都走向兼并或专业细分，真正意义上的区域征信随之逐步消失；国内征信是目前世界范围内最多的机构形式之一，尤其是近年来开设征信机构的国家普遍采取这种形式；跨国征信这几年正在迅速崛起，它之所以能够得以快速发展，主要有内在和外在两个方面原因：内在原因是西方国家一些老牌征信机构为了拓展自己的业务，采用多种形式（如设立子公司、合作、参股、提供技术支持、设立办事处等）向其他国家渗透；外在原因主要是由于世界经济一体化进程的加快，各国经济互相渗透，互相融合，跨国经济实体越来越多，跨国征信业务的需求也越来越多，为了适应这种发展趋势，跨国征信这种机构形式也必然越来越多。但由于每个国家的政治体制、法律体系、文化背景不同，跨国征信的发展也受到一定的制约。

（四）全面征信和片面征信

按照所征集的信息内容可以分为全面征信（完整性征信）和片面征信两大类。全面征信是全面收集消费者个人在社会各个领域的信用信息记录，既包括正面信息，也包括负面信息。片面征信则是仅在某一个领域开展的信息共享，如金融领域片面征信，仅在金融机构间开展信息共享，基本上不采集非金融信用信息；或者是在一个或多个领域仅进行负面信息的共享，即负面征信，如有些个人征信系统只采集和共享个人的破产历史记录、借款申请历史记录、拖欠款等违约交易行为等。

（五）公共征信、非公共征信和准公共征信

按征信用途分类可以分为公共征信、非公共征信和准公共征信。

公共征信：出于社会管理需要，征信结果免费提供给社会，政府职能部门、行业协会、商会开展的征信属于这类征信。非公共征信：指征信用于自己授信和业务管理，其征信过程不公开，自产自销，其实质是自我信用风险管理和控制，银行信贷授信、企业信用销售中对客户征信都属于这类征信。准公共征信：专业征信，是独立第三方开展的中介服务，其征信结果供社会查询使用，具有社会影响力。

三、征信的原则

征信的原则是征信业在长期发展过程中逐渐形成的科学的指导原则，是征信活动顺利开展的根本。通常，我们将其归纳为真实性原则、全面性原则、及时性原则和隐私保护原则。

（一）真实性原则

真实性原则，即指在征信过程中，征信机构应采取适当的方法核实原始资料的真实性，以保证所采集的信用信息是真实的，这是征信工作最重要的条件。只有信息准确无误，才能正确反映被征信人的信用状况，以保证对被征信人的公平。真实性原则有效地反映了征信活动的科学性。征信机构应基于第三方立场提供被征信人的历史信用记录，对信用报告的内容不妄下结论，在信用报告中要摒弃含有虚伪偏袒的成分，以保持客观中立的立场。基于此原则，征信机构应给予被征信人一定的知情权和申诉权，以便能够及时纠正错误的信用信息，确保信用信息的准确性。

（二）全面性原则

全面性原则，又称完整性原则，指征信工作要做到资料全面、内容明晰。被征

信人，不论企业或个人，均处在一个开放性的经济环境中。人格、财务、资产、生产、管理、行销、人事和经济环境等要素虽然性质互异，但都具有密切的关联，直接或间接地在不同程度上影响着被征信人的信用水平。不过，征信机构往往收集客户历史信用记录等负债信息，通过其在履约中的历史表现，判断该信息主体的信用状况。历史信用记录既包括正面信息，也包括负面信息。正面信息指客户正常的基础信息、贷款、赊销、支付等信用信息；负面信息指客户欠款、破产、诉讼等信息。负面信息可以帮助授信人快速甄别客户信用状况，正面信息能够全面反映客户的信用状况。

（三）及时性原则

征信的及时性原则是指征信机构在采集信息时要尽量实现实时跟踪，能够使用被征信人最新的信用记录，反映其最新的信用状况，避免因不能及时掌握被征信人的信用变动而为授信机构带来损失。信息及时性关系到征信机构的生命力，从征信机构发展历史看，许多征信机构由于不能及时更新信息，授信机构难以据此及时判断被征信人的信用风险，而导致最终难以维持下去。目前，我国许多征信机构也因此处于困境。

（四）隐私和商业秘密保护原则

对被征信人隐私或商业秘密进行保护是征信机构最基本的职业道德，也是征信立法的主要内容之一。征信机构应建立严格的业务规章和内控制度，谨慎处理信用信息，保障被征信人的信用信息安全。在征信过程中，征信机构应明确征信信息和个人隐私与企业商业秘密之间的界限，严格遵守隐私和商业秘密保护原则，如此才能保证征信活动的顺利开展。

四、征信的作用

信用的本质是一种债权债务关系，是以偿还为条件的价值运动的特殊形式，包括货币借贷和商品赊销等形式，如银行信用、商业信用等。现代经济是信用经济，信用作为特定的经济交易行为，是商品经济发展到一定阶段的产物。

征信在促进信用经济发展和社会信用体系建设中发挥着重要的基础作用。

第一，解决市场交易信息不对称的问题。征信活动降低了信息收集成本，纾解市场信息不对称困难，信息共享对各层级信贷机构开展业务、促进经济主体的贸易活动方面作用日益显现。

第二，防范信用风险。通过信用评估、征信报告等业务，交叉验证，揭示交易风险，为交易双方提供风险判断，有效防范化解交易风险。

第三，扩大信用交易规模。征信解决了信用交易的瓶颈问题，促成信用交易，促进金融信用产品和商业信用产品的创新，有效扩大和增加信用交易的范围和方式，带动信用经济规模的扩张。

第四，提高经济运行效率。通过电子网络信用信息服务，缩短交易时间，拓宽交易空间，提高经济主体的运行效率，促进经济社会发展。

第五，改善社会营商环境。征信业是社会信用体系建设的重要组成部分，发展征信业有助于遏制不良信用行为的发生，使守信者利益得到更大的保障，有利于维护良好的经济和社会秩序，促进社会信用体系建设的不断发展完善，最终达到改善营商环境的目的。

案例：当代经济活动中征信需求激增

目前，我国通过健全完善社会信用管理体系，正在构建一张全方位"信用网"，联通社会，信息共享，无论是征信报告还是个人信用记录，都是其中的重要组成部分，信用是信息社会最大的资产与财富。

（1）求职应聘。很多公司在招聘员工时，要求应聘人提供个人信用报告，尤其是银行、保险、证券等金融行业。当前，个人信用报告已成为求职材料中不可缺少的部分。

（2）争取获得政府福利。社会福利体系越发完备，政府的帮扶力度也逐年加大。帮扶对象覆盖人群更加完善，受惠人群结构也越发复杂。其中有不少人利用政府的政策骗福利补贴的现象频繁，甚至有些大的企业也是想尽办法骗政府政策性补贴，此时，个人信用记录或征信报告就成为反欺诈的重要工具。

（3）婚介。婚姻是每个人都要面对的现实问题，人们的工作和生活节奏越来越快，个人的业余生活空间越来越狭窄，社会交际活动的圈子也越来越小，更多的单身人士选择婚介机构帮助自己解决个人婚姻问题，其中就要求对方提供征信报告。

（4）租房。各类人群，尤其是刚毕业的青年学生，多数面临租房的难题。在租房过程中，出租人、中介、租房人之间可能会出现种种意外情况，规避风险、排除不必要的损失，可以使用征信报告。

第二节　征信的模式

　　征信模式是信用信息整合、共享和征信服务供给的一系列机制和制度安排。非公共信用信息的共享机制是征信模式的核心和主要表现形式。由于世界各国在宏观经济发展水平、金融体系发达程度、政府干预程度、历史文化传统等诸多因素上存在差异，出现了差异化的征信模式。

　　当前，世界范围内主要存在四种不同的征信模式：以法国、比利时为代表的政府主导信用信息征信模式，法国 1978 年出台的《信息、档案与自由法》严格保护个人隐私，使私营个人征信机构没有发展空间，个人征信市场由法兰西银行（法国中央银行）的个人征信档案 FICP 主导；以美国为代表的市场化征信模式；以德国、意大利为典型的混合征信模式，国内既有中央银行旗下的公共信贷登记系统，也有 Schufa、CRIF 这样的私营机构；以日本、巴西等国家发展起来的行业自律征信模式，如日本银行业协会组建的全国银行消费者信用信息中心（KSC）、消费信贷业协会组建的 JICC、信用协会组建的株式会社信用信息中心（CIC）等，实际上是市场驱动的一种特殊模式，如表 1-1 所示。

表1-1　世界银行《2020年营商环境报告》中各类型"信用信息指数"

模式	国别	信用信息指数	公共征信成人覆盖率	私营征信成人覆盖率	公共征信系统收录人数	私营征信系统收录人数
市场驱动	英国	8	0%	100%	0	8288.7 万
	美国	8	0%	100%	0	2.2 亿
政府主导	法国	6	47.2%	0%	1041.3 万	0
	比利时	5	95.5%	0%	661.8 万	0
混合模式	德国	8	1.9%	100%	30.9 万	6720 万
	意大利	7	30.1%	100%	995.8 万	4437.3 万
行业自建	日本	6	0%	100%	0%	

　　注：涵盖的数据止于 2019 年 5 月 1 日。

　　资料来源：网络。

以上情况说明，征信活动并不存在唯一的模式，不同国家在建立信用社会的过程中，根据征信的影响因素、建立信用体系的目的、国民的信用意识等选择适合自己的征信模式。

一、政府主导的征信模式

政府主导的征信模式也称公共信用信息征信模式，以法国、意大利、西班牙①等国家为代表，用公共信用信息系统采集相关资料。

社会征信体系以政府出资建立的非营利性公共征信机构为主体，以市场化的民营征信机构为辅。商业银行等金融机构一方面作为信息提供者，依法向公共征信机构提供个人和企业的征信数据；另一方面作为征信体系的主要使用者，利用公共征信机构的评估结果甄别优质借款人，从而有效防范贷款风险。

1992 年，欧洲中央银行行长委员会将公共信用信息系统定义为：一个旨在向商业银行、中央银行以及其他银行监管机构提供有关公司和个人对整个银行体系负债情况的信息系统。欧洲的公共信用信息系统通常强制中央银行监管之下的所有金融机构必须参加，在奥地利、法国和西班牙，参加机构扩展到财务公司，在葡萄牙还扩展到信用卡公司，在德国扩展到保险公司。

公共信用信息主要由各国的中央银行或银行监管机构开设，由中央银行负责运行管理，目的是为中央银行的监管职能服务。公共信用信息系统要求所监管的所有金融机构必须参加该系统，必须定期将所拥有的信用信息数据报告给该系统，但并不收集所有的贷款资料，而只是在一个规定的起点上收集信息数据。信用数据既包括企业贷款信息，也包括消费者借贷信息；既包括正面信息，也包括负面信息。与市场化的征信机构相比，该系统的信用信息来源渠道要窄得多，如它不包括非金融机构的信息，对企业地址、所有者名称、业务范围和损益表以及破产记录、犯罪记录、被追账记录等信息基本不收集。许多国家对数据的使用有较严格的限制，数据的提供和使用遵循对等原则。

欧盟各国都通过法律或法规形式对征信数据的采集和使用作出了明确规定，一般来说，采集和共享的信息包括银行内部的借贷信息与政府有关机构的公开记录等，由于信用信息包括正面数据和负面数据，各国对共享信息的类型通常都有规定，一些国家如西班牙限制正面信息的共享。

---

① 关于德国的征信模式分类存在争议，也有人认为德国属于混合型征信模式，本书同意这种观点。

二、市场化征信模式

市场化征信模式是在征信环节以私营企业为征信主体，征信活动完全市场化，政府对征信业务不加干预，只负责制定相关的法律、法规和政策，让私营征信主体自由竞争，优胜劣汰，以美国、英国和加拿大为代表。

美国采用市场主导的征信模式。在美国，存在有明显区别的分别针对消费者信用信息和企业信用信息的征信机构。企业征信机构、个人征信机构是征信业的主要单位。

消费者信用信息征信机构是向需求者提供消费者信用报告的机构，向使用者有偿提供信用报告。目前美国消费者信用信息征信机构形成了 3 家规模庞大的征信机构，即益博睿公司（Experian）、全联公司（Trans Union）和艾可菲公司（Equifax），它们是美国征信体系的支柱。另外，美国还有 2000 多家小型征信机构与之并存。

三、混合征信模式

混合征信模式，是借助政府和市场的力量，国内既有中央银行旗下的公共信贷登记系统，也有私营机构，政府和市场共同推动社会信用发展。

德国国内的征信机构涵盖了三种征信模式：以中央银行为主体的公共模式、以私营征信机构为主体的市场模式、以行业协会为主体的会员制模式。其中，信用权益保护联合会（Schufa）、信贷协会（Creditreform）、比格尔（Buergel）是德国最主要的 3 家征信调查和评估机构。而于 1927 年在柏林成立的 Schufa，作为一家以个人征信业务为主的信用服务机构，占领了德国个人信用市场的 90% 以上。

严格来说，德国征信模式应该属于政府主导下的公私并行。虽然德国国内存在三种征信模式，但是以行业协会为主体的会员制模式，主要为协会会员提供个人和企业的信用信息互换平台，相比其他两种体系，行业协会的信息收集和使用都较为封闭。因此也并没有像日本的会员制征信有那样大的影响力。

德国征信机构采集的信息包括消费者的基本信息和信用信息两个方面。基本信息主要用于确认消费者的身份，而这方面的信息主要来自政府部门和公共机构，其中最重要的是每个人唯一的社会安全号。

这就在很大程度上导致民间私营征信机构像 Schufa 虽然规模很大，但是在确认身份等的基础信息时仍然受制于政府和公关部门。而公共信用信息系统则依法向私营信用服务系统提供信息服务，成为私营征信机构信息的重要来源之一。

除了政府的特别调查部门,一般人和机构只可以自我查询,而无法查询别人的信息。根据《德国联邦数据保护法》规定,每位公民每年都有一次获取自己相关信用报告的权利,并且可以要求更正数据中的不实之处,以书面形式填写申请表格后会得到该公司提供的个人信用信息。这些都限制了市场对于个人征信的自由度,也限制了其盈利属性。

四、行业自律征信模式

行业合作式征信模式也称为行业协会模式、行业会员模式等,主要是指采用各种形式借助某一行业的力量(如银行业协会、信贷业协会和信用产业协会等),在行业内部征集信用信息,依靠非营利性的信用信息共享中心,为行业协会会员或相关组织提供信息交换服务,这种模式主要存在于日本和巴西。

日本依托行业协会的信用信息征信情况,日本征信体系及其产业的发展与日本的信用消费发展是同步的,在其发展过程中,行业协会发挥了很大作用。目前日本消费者信用信息征信体系呈现"三足鼎立"的态势,即KSC、JIC和CIC,其他征信机构的实力和规模与这3家机构相比存在着明显的差距。

上述3家机构以及加盟全日本信息联盟的33个信息中心共同出资,于1987年3月建立了消费者信用信息网络系统(Credit Information Network,CRIN),目的是在不同机构间共享变动信息、公共信息和个人申告信息等的负面信息,防止发生多重借债等恶性个人信用缺失问题。CRIN的建立,标志着日本形成了消费者负面信息共享机制,是日本消费者征信体系完善的一个标志性举措。

从国际上各国征信发展实践看,个人征信模式主要分为公共征信模式和私营征信模式两大类型。

(一)公共征信模式

它是以公共信贷登记系统(PCR)为主导的征信模式,因最早出现在一些欧洲国家,因而也被习惯称为欧洲模式。公共信贷登记系统是由政府出资、由中央银行或金融管理部门建立的,要求银行报送信贷数据,并在授信中必须查询使用公共信用登记系统,从而使公共信贷登记系统在提高信息对称性、减少银行信贷风险、加强金融监管等方面发挥了重要作用。

据世界银行统计,全球范围内已有90个经济体建立了公共信贷登记系统。其中,55个经济体是只有公共征信机构运营的公共信贷登记系统,如法国、比利时、刚果、安哥拉、约旦等；其他 35 个经济体则是公共征信系统与私营征信系统并存，如意大利、葡萄牙、德国、巴西、阿根廷等。

（二）私营征信模式

私营征信模式一般由民营资本组建征信机构，以商业化、营利性为目标，在自愿和契约基础上，以市场需求为导向，为客户提供多层次、多样化的征信产品与服务。相比于公共征信系统，私营征信系统所采集的征信数据种类更多，数据来源和覆盖面更广，数据更新的速度更快，对消费者投诉反应更快，并有更好的处理机制。

据世界银行 2014 年统计，全球 103 个经济体有私营征信系统（私营征信机构）。其中，只有私营征信系统的经济体共有 68 个，如澳大利亚、日本、韩国、英国、美国、瑞典、俄罗斯、新加坡、泰国等。澳大利亚、日本、韩国、英国、美国、瑞典、阿根廷等 17 个经济体私营征信系统对成年人口的覆盖率达到了 100%。

由于私营征信模式是基于市场化机制，在信息采集、共享和服务机制上更为灵活多样，形成了多种类型的细分模式，主要包括同业征信服务模式、联合征信服务模式、股份制征信服务模式、自征信服务模式。

1. 同业征信服务模式

同业征信服务模式是指个人征信机构将同一行业领域的主要经营者组织在一起，形成一个会员制的组织，基于同业经营者之间交易信息共享的需求，以互惠互利为原则，制定统一的信息共享规则和管理制度，在会员范围这样一个封闭、独立的系统内开展信用信息共享的模式。征信机构与各会员机构之间一般都不存在股权等关联关系，是完全独立的第三方机构，信息数据来源于会员机构，并只为会员机构提供服务，所共享的信息一般是以信贷交易信息为主。

同业征信服务模式的典型代表有两个。一个是日本的消费信贷联合会，会员主要是消费金融公司、信用卡公司等消费信贷机构，通过 JICC[①] 进行信贷交易信息共享。另一个是英国的信用账户信息共享合作组织（CAIS），有 300 多家会员，指定 Experian 为其成员提供信用交易信息共享和征信服务。

2. 联合征信服务模式

联合征信服务模式是征信机构作为独立的市场第三方机构，通过合作协议的方式

---

① JICC 是 2009 年由消费信息金融行业联合中心 JIC 更名而来。

与各个领域的各类信息提供者开展合作，广泛收集数据，并对外提供服务的模式。这种模式突破了会员制同业征信在封闭的系统内进行信息共享的局限性，信息采集来源、共享的信息范围非常广泛，服务的对象和领域也没有局限性，可以为全社会提供服务。美国的三大个人征信公司 Experian、TransUnion、Equifax 就是联合征信的典型代表。

一些国家采用了混合式的联合征信模式，在信息采集、共享方面没有局限性，采用联合征信的模式，但只向具有会员资格的机构提供征信服务。这种混合式联合征信模式的代表是新加坡征信局。

3. 股份制征信服务模式

股份制征信服务模式是指个人征信机构拥有多个股东，而且这些股东既是本机构的主要信用信息提供者，也是其主要客户。这类个人征信机构的代表是德国的 Schufa 公司、意大利的 CRIF 公司等。

以 Schufa 为例，该公司的股东包括各类金融机构和贸易、邮购等公司，其中各类金融机构持有 85.3% 的股份，贸易、邮购和其他公司持有其余 14.7% 的股份。

股份制征信服务模式下成立的个人征信机构不是独立的第三方机构，其优势是与主要信息提供者有着紧密的股权关联等关系，在初创阶段比较快地归集大量的信用信息数据，针对股东方的需求开发征信产品与服务，形成一定的业务规模，实现业务的可持续经营。同时，不足之处是这种模式的个人征信机构难以从与股东方存在同业竞争关系的信息提供方那里获取信息，因而在信息的完整性、业务服务领域的拓展等方面都会受到很大程度的制约。

4. 自征信服务模式

自征信服务模式是近年来个人征信行业出现的一种新模式。随着社会的发展与进步，越来越多的消费者个人有意愿主动展示、证实本人的信用状况，以便在日常经济生活中获得更大的优惠或便利。由此，征信行业出现了一些个人自征信服务机构，他们以信息主体作为主要的信用信息来源，帮助消费者个人建立"自征信"信用档案，并依据信息主体要求及授权，向相关机构或个人提供信息主体的个人信用报告，以及个人信用评分。

从当前国际上自征信机构的发展实践来看，自征信机构个人信用档案所覆盖的人群主要是信贷记录不足的"薄档案"人群，所归集的信息包括个人的收入、资产等，也包括水电费支付信息、消费记录、社交记录等。自征信机构在采集信息主体报送的信息时，一般会要求信息主体提供能够认证核实这些信息的相关资料，也会通过相关渠道查询验证信息主体所报送信息的真实性、完整性。

五、信息技术驱动的征信业发展

（一）数据存储与处理方式的变革

最初，征信记录以纸质材料形式保存。20 世纪 60 年代之前，征信主要是分行业经营，并且靠纸质文件运行。

1956 年，大型计算机的出现以及信用评分技术的推出，对征信产生巨大的影响。各类计算机系统是现代征信发展的催化剂。征信业充分利用计算机和数据库技术来处理、组织和报告信用数据。这些机构利用计算机技术来提升运营效率，更快地迁移数据并且引入更多的行业进入征信系统。将数据全部转移到计算机系统的大额花销迫使一些规模较小，还没有实现数据自动化的征信机构出售它们的文件，退出这个行业。20 世纪 60 年代，全球第二大征信机构 Equifax 的前身开始尝试信息自动化，将信用表转入电子数据系统。

（二）数据传输方式的变革

1968 年，Experian 将穿孔卡片中的信用信息转换到磁带中，客户可以通过电传打字机终端连接信用信息数据库；客户被给予识别编号，并被要求以标准化的格式提交信息。这些举措降低了数据出错率，提高了处理数据的速度，提升了征信的自动化程度。

不断通过新技术应用提高设备信息处理能力，环联成为第一家通过自动化技术更新应收账款数据的征信机构。1969 年，环联很早就认识到一个全国的在线信息系统会给顾客带来很大的便利，于是着手研发第一个在线信息存储和检索数据处理系统。环联设计并实施磁带—磁盘信息传送系统，使处理客户账户数据的流程实现了自动化。

该系统可以为全国的授信机构提供一个快速有价值的消费者信用信息数据源。环联设计并实施的在线信息存储和读取的数据处理系统在消费者信用调查报告行业引发了第二场革命。环联通过存储在数据处理系统中的第一手资料，预测消费者的未来需求和响应。

案例：从信息技术创新到经营模式变革

企业征信系统的代表性技术是全球最大的企业征信机构邓白氏（The Dun &

Bradstreet Corporation，D&B）所研发的邓白氏编码（D-U-N-S Number）。20 世纪 60 年代，二战后快速发展的计算和通信技术对于 D&B 的发展至关重要。在过去的 50 多年中，跨境通信的速度和容量性能的提升不断扩大了 D&B 的行业影响力，使其从一个信用报告的提供商转变为国际信息产业的引领者。1960 年之后，D&B 将新技术应用于运营，在 1963 年引入 D-U-N-S Number 系统，用于在数据处理中标识企业的身份，帮助将商业信息带进计算机时代。这个独一无二的企业标识系统被证明非常有用，今天 D-U-N-S Number 已经是联合国、欧盟和美国政府的标准商业身份标识。

1970 年之后，D&B 继续推进新技术应用，基于数据收集，更加全面地应用计算机技术，提供将不同类别信息用完全不同的新方法进行连接和分析的能力，将信息以一种更快、更加经济的方式传递给客户。D&B 的商业征信业务也逐渐发展成为从小额的预售到大量的商业贷款。

20 世纪 90 年代，国内征信行业的数据库信息还是以手工记录、人工操作为主，随着电子科技的快速发展，数据批处理技术的应用，大批量数据存储技术逐渐成熟，电子化记录已成为主流；数据挖掘技术促进了信用评分和自动风险决策的应用；当下大数据技术与人工智能相结合，不仅实现了对更多人群、更多业务的覆盖，还导致更多信用创新产品的出现。

通过信息技术的深入应用，数据库的技术推动了征信行业的集中。地方性的征信机构进一步被合并，在 21 世纪初，美国最终形成了三大征信巨头垄断的局面，信用信息透明度提高且容易获得，信用信息的应用开始为大众所接受。

最近，D&B 在征信活动中积极引入区块链技术，加速 D-U-N-S Number 技术与区块链的融合。随着信息技术的不断创新，征信业的经营也出现了"去中心化""去信任化"趋势，征信业经营模式多样化的特征也日益明显。

第三节　征信体系

一、征信体系的定义

在发达的市场经济国家中，普遍存在专门从事征信业务的社会中介机构，根据市场需求收集、加工和生产信用信息产品，提供资信信息服务，并形成了一整套与之相关的法律和政策体系，以及技术标准和行业规范，一般称之为社会征信体系。简言之，征信体系就是征信法律、机构、市场、业务、标准、管理和科研等方面的总和。在专业研究中，征信体系还有广义和狭义之分。

狭义的社会征信体系，是指通过对法人、非法人等企事业单位或自然人的历史信用记录，以及构成其资质、品质的各要素、状态、行为等综合信息进行测算、分析、研究，借以判断其当前信用状态，判断其是否具有履行信用责任能力所进行的评价估算活动的体系。

广义的征信体系是指采集、加工、分析和对外提供社会主体信用信息服务的相关制度与措施的总称，包括征信制度、信息采集、征信机构和信息市场、征信产品与服务、征信监管等方面，涉及征信活动有关的法律规章、组织机构、市场管理、文化建设、宣传教育等社会问题，其目的是在保护信息主体权益的基础上，构建完善的制度与安排，促进征信业健康发展。

征信体系的主要功能是为信贷市场服务，但同时具有较强的外延性，也服务于商品交易市场和劳动力市场。

二、构成征信体系的要素

2012 年 12 月 26 日颁布的《征信业管理条例》中，构成征信体系的元素有征信机构、征信业务规则、异议和投诉、金融信用信息基础数据库、监督管理、法律责任。这些内容是构成完整信用体系必不可少的要素，它们相互分工，相互协作，共同守护信用市场，促进社会信用体系的完善和发展，预防和惩罚失信行为，从而保障社会秩序和市场经济的正常运行。

（一）信息主体（被征信人）

征信信息主体，也称为被征信人，指征信机构采集、整理、加工和使用的征信信息描述对象，包括自然人、法人以及其他组织。

就征信业务而言，信息主体包括信息直接提供者（向征信机构提供自身信用信息的自然人、法人及其他组织），信息间接提供者（与信息提供者通过特定关系依法将信息归集到征信机构间接向征信机构提供自身信用信息的自然人、法人以及其他组织）。

（二）信息需求主体（征信人）

信息需求主体，即征信信息的使用者，是指从征信机构和金融信用信息基础数据库获取信息的单位和个人。就征信业务具体而言，包括使用征信信息的机构或个人、使用征信信息的征信机构服务对象以及其他征信机构。

（三）征信机构（征信中介、信息采集人）

征信机构是指依照有关规定批准成立，专门从事信用信息服务的机构，根据自己的判断和客户的需求，采集、整理、保存、加工自然人、法人和其他组织的信用信息，向客户出具信用报告，提供信用信息咨询及评级服务等多样化征信服务，帮助客户判断和控制信用风险的法人单位。

征信机构是除信用交易双方之外的第三方机构，在经济发展和社会活动中扮演着重要的角色。征信机构的概念还可以扩大其他各类信用管理行业的企业类型，如资信评级、商账追收、信用管理咨询等机构。

征信机构按所有权性质的不同，可分为公共征信机构、私营征信机构和混合征信机构；按信息主体的不同，可分为个人征信机构、企业征信机构、信用评级机构以及其他信用信息服务机构。

（四）征信产品

征信机构对所征集的个人和企业的信用信息进行加工所形成的产品，如个人或者企业的信用调查、信用报告、信用评分、信用评级、信用档案管理、企业运营监控预警、企业综合评估、企业社会（市场）关系验证、人才辨识、欺诈受害者信息等。

征信基础产品一般表现为信用报告形式。信用报告是征信机构以合法的方式从不同渠道收集信用信息，整理加工后提供给经授权的使用人的书面报告。其特点是，不修改和变动记录信用主体的信息，客观、公正、真实的信用记录。

征信深度产品一般表现为对个人或企业的综合信用判断。一个完整的信用判断，应该是基于债务方信息、舆情、各类数据、行为、关联关系图谱等的全覆盖，对其主观意愿、客观能力的综合判断。

网络时代的个人征信、企业征信、资本市场信用评级，更依赖人工智能、大数据、云服务、区块链等技术手段，把传统数据延伸到行为数据，从专家经验、传统模型延伸到新型算法，从传统商业模式延伸到新型模式。常见征信业务如表1-2所示。

表1-2　常见征信业务

信用业务	征信对象	业务方式	信息源	数据处理	征信产品	服务对象	监管要求
信用登记	个人企业	主动批量	掌握主体信息的政府部门或征信机构	标准化归类存档持续更新	信用报告信用信息（条）	金融机构一般企业第三方机构个人授信活动	权益保护
信用调查	个人企业	受托	信息主体及市场渠道	按通用格式加受托特殊要求	分析汇总评价报告		
信用评分	个人小微企业	主动批量	信息登记、调查积累资料	要素数据归依，模型选择，计算与判定	分数区间界定信用能力判定		
信用评级	个人企业主权国家	受托	信息主体及市场渠道	要素数据归依，模型选择，计算与判定	信用等级信用报告综合分析	大型投资项目监管部门	公开透明

案例：高效的 python 数据抓取

20 世纪 90 年代初，荷兰数学和计算机科学研究学会的 Guido van Rossum 设计了 Python 程序，作为 ABC 语言的替代品。Python 提供了高效的高级数据结构，还能简单有效地面向对象编程。Python 语法和动态类型，以及解释型语言的本质，使它成为多数平台上写脚本和快速开发应用的编程语言，随着版本的不断更新和语言新功能的添加，逐渐被用于独立的、大型项目的开发。

网络爬虫按照系统结构和实现技术，可以分为以下几种类型：通用网络爬虫（General Purpose Web Crawler）、聚焦网络爬虫（Focused Web Crawler）、增量式网络爬虫（Incremental Web Crawler）、深层网络爬虫（Deep Web Crawler）。实际的网络爬虫系统通常是几种爬虫技术相结合实现的。

强大的 python 数据抓取功能，不仅丰富了征信数据采集的手段，还提高了征信数据的采集效率。

当前，征信机构借助 Python 等软件获取散布于网络上的数据信息，通过大数据、云计算等金融科技，把个人信用与商业、生活、住房、消费等领域相结合，克服了以往个人征信涉及面小、应用范围狭窄的局限。

（五）征信市场

征信市场是征信机构提供征信服务的活动场所，主要由信息主体、信息需求主体、征信主体、征信产品与征信服务、监管部门组成。

征信产品主要包括市场调查报告、保付代理、商账追收、信用担保、信用保险、资信评级、消费者信用调查、企业信用调查、信用管理咨询等。征信产品主要服务于资本市场、商业市场、个人消费市场和商品市场的广大消费者，在征信市场完成。征信市场运转如图 1-2 所示。

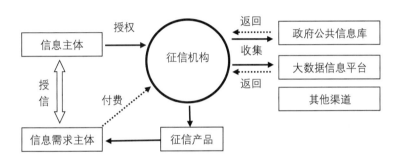

图 1-2　征信市场运转（业务发起、承接、实施、付费）

（六）征信监管机构

征信监管机构对征信机构实施监督管理，规范征信机构经营行为，保障征信活动各方的合法权益，是征信体系建设中一个重要组成部分。

征信监管机构主要分为两类：一是以金融体系为支柱的中央银行监管（欧洲国家多采用此类）；二是政府部门依据法律法规进行的监管（以美国为代表）。此外，各国与征信业相关的行业协会也承担监管职责。

对政府对信用业的管理方式与该国信用管理发展状况密切相关。法律法规越完善，政府的直接管理职能就越弱，信用行业的发展也较规范；反之，政府或中央银行的直接管理职能就显得非常重要，行业的发展就更容易受政府行为的干预。

征信监管机构与相关的法律法规机构监管体系，并通过体系内各要素共同发挥作用，保证征信机构正常运营，规范发展，有效发挥征信市场主体作用。

我国征信监管机构主要有中国人民银行和中华人民共和国国家发展和改革委员会（简称国家发展改革委）牵头的各级政府信用监管部门等。

（七）与征信管理相关的法律法规

征信活动须受法律法规、行业规范、市场道德规范等约束，法律法规是形成有序市场的保证。

征信法律法规对征信活动具有明示作用。征信法律法规以明确条文告知经济主体，在征信活动中什么可以做、什么不可以做，违法者将要受到怎样的制裁等。

征信法律法规对征信活动的违规、违法具有预防作用。通过法律的惩治行为警示市场，使各征信主体知晓法律、明辨是非，达到有令必行有禁必止，收到欲方则方、欲圆则圆的良好规范效果。

征信法律法规对征信行为有校正作用。通过法律的强制来校正征信行为中所出现的偏离了法律轨道的行为，使之回归到正常的法律轨道。

此外，征信法律法规还会产生以下社会效益：树立良好的社会风气、净化人们的心灵、净化社会环境。

三、征信体系和信用体系

信用体系与社会征信体系是经常发生联系的两个概念。

（一）社会信用体系

社会信用体系是指为促进社会各方信用承诺而进行的一系列安排的总称，包括制度安排，信用信息的记录、采集和披露机制，采集和发布信用信息的机构和市场安排，监管体制、宣传教育安排等，最终目标是形成良好的社会信用环境。

社会信用体系是一种社会机制，以法律和道德为基础，通过对失信行为的记录披露、传播、预警等功能，解决经济和社会生活中信用信息不对称的矛盾，从而惩戒失信行为，褒扬诚实守信，维护经济活动和社会生活的正常秩序，促进社会经济的健康发展。

（二）社会信用体系建设

社会信用体系建设是整顿和规范市场经济秩序、改善市场信用环境、降低交易成本、防范经济风险的重要举措，也是增强社会诚信、促进社会互信、减少社会矛盾的有效手段。

关于我国的社会信用体系建设，2014 年，国务院发布的《社会信用体系建设规划纲要（2014—2020 年）》进行明确定位，即社会信用体系是社会主义市场经济体制和社会治理体制的重要组成部分，以法律、法规、标准和契约为依据，以健全覆盖社会成员的信用记录和信用基础设施网络为基础，以信用信息合规应用和信用服务体系为支撑，以树立诚信文化理念、弘扬诚信传统美德为内在要求，以守信激励和失信约束为奖惩机制，目的是提高全社会的诚信意识和信用水平。

社会信用体系建设一般包括以下三个层级的要求：一是在道德层面的宣传教育，培育诚实守信的信用观念；二是政府、企业和个人等经济行为人自身内部的具有自我约束性的信用管理，即应自觉守信，而不能恶意失信；三是通过推动信息共享来从外部对政府、企业和个人等经济行为人进行市场化约束。

社会信用体系建设中的信息共享包括两个方面：一是通过政府信息公开这个机制进行共享；二是将不能公开的信息通过征信这个机制依法进行共享。[①]

（三）社会征信体系

征信体系是社会信用体系的重要内容和核心环节。社会信用体系是目的，征信体系是手段。

征信体系建设的主要作用是通过提供信用信息产品，使金融交易中的授信方或金融产品购买方能够了解信用申请人或产品出售方的资信状况，从而防范信用风险。同时，通过准确识别企业、个人身份，保存其信用记录，有助于形成促使企业、个人保持良好信用记录的约束力。社会信用体系建设的内容更广泛，除征信体系建设外，其他部门如质检、税务等对本行业内部的市场行为进行惩戒和表彰奖励等都属于社会信用体系的建设内容。

（四）两者区别与联系

征信体系与社会信用体系既有区别，又有联系。

区别：两者的内涵和外延不同；征信是采集那些不能无条件公开或者已经公开却不便自由获取的个人和企业信息并依法进行有限共享的一种方式及其制度安排；社会信用体系建设则是通过不同层级的制度安排，来促进政府、企业和个人等经济行为人诚实守信，目的在于营造一种守信受益、失信受罚的社会信用环境。

联系：征信是社会信用体系建设的一个有机组成部分，是社会信用体系建设在信息共享这个层面的一个基础性的制度安排。

---

① 万存知. 个人信息保护与个人征信监管 [J]. 中国金融，2017（11）：16-18.

知识拓展：诚信是中华民族的传统美德

诚信是为人处世的最基本要求。

从古至今，诚信已成为中华民族的立身、持家、治国的传统美德，我国古代关于诚信的典故有很多，名人名言更多。

常听到的名人名言有：孔子的"民无信不立""人而无信，不知其可也"，孟子的"诚者，天之道也；思诚者，人之道也"，墨子的"言不信者，行不果"，韩非子的"小信诚则大信立"，管子的"信不足，安有信"，荀子的"君子养心，莫善于诚"。周易中也有名言"人之所助者，信也"，淮南子中有"马先驯而后求良，人先信而后求能"，晁说之的"不信不立，不诚不行"，杨泉的"以信接人，天下信人；不以信接人，妻子疑之"，等等。

著名的典故：周幽王的"烽火戏诸侯"；春秋战国时，秦国商鞅变法时的"徙木为信"；秦国末期的"季布一诺"。此外，还有"曾子杀彘""季札挂剑"等。

商品社会中失于诚信的言行、事件，促使征信业的产生。征信就是为了证明被征信人真实的生产、生活综合状况。我国征信市场各要素运转机制如图1-3所示。

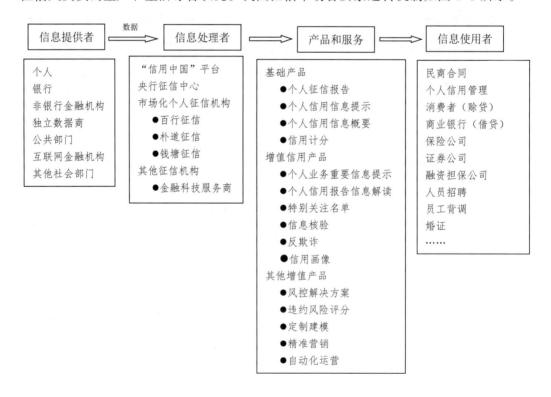

图1-3 我国征信市场各要素运转机制

第二章　世界主要国家的征信体系情况

世界主要国家的征信体系情况知识结构导图如图 2-1 所示。

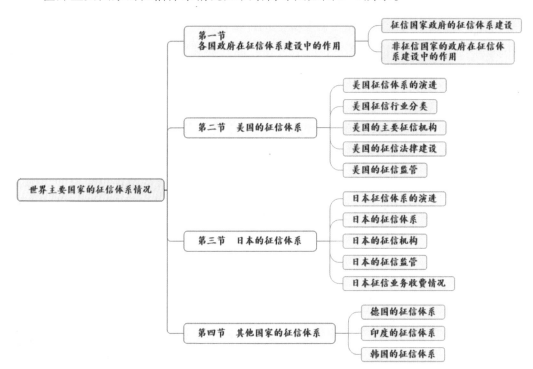

图 2-1 世界主要国家的征信体系情况知识结构导图

第一节 各国政府在征信体系建设中的作用

政府在信用建设中是一个中坚力量。放眼全球，世界各国政府在征信体系建设中起着核心引领作用，但不同国家情况又有不同。

一、征信国家政府的征信体系建设

（一）美国政府在征信体系建设中的作用

美国是私营征信业发达的国家，美国征信业有着 170 多年的历史，但近几十年是信用服务行业发展最快的时期。这个行业经过 100 多年市场竞争，形成了少数几个市场化运作主体。当前，美国具有世界最大的信用市场和最先进的信用管理模式，美国征信业完全市场化，政府在征信行业发挥法律支持和信用监管的作用。

（二）欧盟各国政府在征信体系建设中的作用

欧洲大陆国家的征信体系不同于美国的征信体系，其是公共征信系统的起源地。德国于 1934 年建立了第一家公共征信公司，原欧洲联盟的 15 个国家就有 7 个国家（奥地利、比利时、法国、德国、意大利、西班牙和葡萄牙）建立了公共征信系统。

在政府引导征信体系建设方面，欧洲的情况和美国类似，不同的是欧洲法律赋予政府的数据开放强制权。政府通过立法强迫性地要求企业和个人向公共征信机构提供征信数据，并通过立法保证征信数据的真实性。

除此之外，欧盟作为地区性政治经济联盟也建立了对各成员国都有效的信用立法——"欧盟数据保护法"（EU Data Protection Law）。在欧洲，征信数据是相当开放的，有关信用管理的法律的立法宗旨是基于保护消费者个人隐私权，同时又保证企业和消费者征信信息流的畅通。

二、非征信国家的政府在征信体系建设中的作用

在非征信国家中，社会信用体系有的正处于初级建设阶段，相关信用的立法还不完善，政府的作用主要表现在通过实现信用数据的合法有效的开放和互联互通来启动社会信用体系的建设。

在非征信国家，政府推动社会征信的重点工作为：一是促进信用信息和数据开放相关的立法出台；二是强制政府有关部门和社会有关方面开放其所控制的征信数据；三是积极培育信用市场。在信用执法方面，政府的工作重点在于监督该国的信用管理行业，使其合理合法地使用和传播征信数据。

知识拓展：征信国家

征信国家是对市场经济发达且社会文明程度高的国家的一种称谓。征信国家的国内市场规范，对其投资和进行信用交易的风险比较小，比较适应经济全球化的规则。

在吸引高质量的投资和提高资本工作效率方面，征信国家有着明显的优势。一般而言，征信国家的国家主权级评级的级别非常高，原因是征信国家的经济具有发达、成熟、公平、透明等特征。

一个国家能否成为"征信国家"，需要从以下几个方面判断。

（1）经济发展水平。

（2）市场成熟度。

（3）信用交易占市场总交易量的份额。

（4）信用管理法律法规体系。

（5）各类征信数据质量情况。

（6）是否与其他征信国家对等开放征信数据，征信服务门类普及度。

（7）企业的信用管理水平。

（8）在国际贸易中的信誉。

从成为征信国家的基本条件可以看出，征信国家注重调"以适合的市场软环境，保证信用交易发展"的问题，其市场上必须存在以下几个方面。

（1）征信环境良好，以降低信用交易双方的信息不对称情况，保证公平交易。

（2）规避信用交易风险的技术和管理方法比较成熟，以保证信用交易的成功率。

（3）具有相应完善的法律法规，以保障市场规则。

（4）政府能够依法监管各类信用交易的参与者，维护市场规则。

（5）由上几条保证的信用工具大规模的市场投放，企业间普遍使用赊销方法。

从上述条件可以看出，成为征信国家的条件是相当高的。作为征信国家，具备功能比较完善的社会信用体系是基本的条件。在征信国家应该具备的基本条件中，有些条件是硬性指标，如是否有信用管理法律体系就是能否成为征信国家的一个硬指标。即便是发达国家，如果没有完善的信用管理法律体系，仍然不能被列入征信国家行列。

第二节　美国的征信体系

美国早期的消费者信用信息征信机构在地理上比较分散，地方性的特征很强，且不同行业都有各自的征信机构，相互之间基本上没有信息交流，它随着美国国内零售业和银行业的发展而发展。

20 世纪初，美国绝大多数的零售商仅局限在本地市场，1929 年，跨区域的或全国性的百货商店在整个百货业销售总额所占比重还不到 15%。但此后，大型百货连锁店迅猛发展，到 1972 年，它们的销售份额已占到全行业的 80%。随着这种由本地向全国发展的趋势，大型连锁商店将原来分散的信用销售业务集中到一起，信用信息不再局限于使用那些小型的本地征信机构，而是迫切需要与全国性的征信机构开展业务往来。这推动了消费者信用信息征信机构由分散、小型的地方性机构逐渐发展成为大型的全国性机构。

一、美国征信体系的演进

美国实行以市场为主导的征信体系，是典型的私营征信机构模式。美国的征信是市场化运作，各种征信活动通过法律体系来规范。美国征信行业的兴起源于消费的盛行，经历了快速发展期、法律完善期、并购整合期以及成熟拓展期四个发展阶段，逐步壮大并已经形成了较完整的征信体系，在社会经济生活中发挥着重要的作用。

20 世纪 30 年代第一次世界经济危机的大规模爆发，大批公司破产，许多债务因为诸多企业的破产而成为坏账。这种经济泡沫的破灭使得政府和投资者重新认识到征信的重要性，政府制定了一系列扶持信用管理机构的条例，民间征信机构从此蓬勃发展。

20 世纪 60 年代末期至 80 年代，美国国会先后出台了 17 项法律，对商业银行、金融机构、房产、消费者资信调查、商账追收行业明确立法，允许相关信用信息的公开披露，形成一个完整的法律体系。

从简单征信服务到比较完善的现代信用体系的建立，美国经历了 170 多年的历史，征信机构作为第三方机构，独立于政府和金融机构之外，按照市场经济的法则和运作机制，以营利为目的，向社会提供有偿的商业征信服务。与其他国家相比，征信业务发达，征信体系比较成熟，征信产业链系统而完整。

二、美国征信行业分类

在发展过程中，出于业务专业化需要，美国的征信行业不断细分，主要有四种：一是企业征信机构，如 D&B、Zest Finance；二是个人征信机构，如 Experian、Equifax、Trans Union 等公司，进行个人数据配对、特征变量生成处理，还包括很多中小型个人征信公司及数据服务商，为巨头提供数据服务；三是服务个人的信用评分公司，如 Fair Isaac 公司的 FICO 评分系统几乎垄断这一领域；四是信用评级机构，主要用于商业公司，最典型的为 Standard & Poor's、Moody's、Fitch Group 等公司。

企业征信机构、信用评级机构主要业务：一是资本市场信用评估，其评估对象为股票、债券和大型基建项目；二是商业市场评估，主要为企业征信服务，其评估对象为各类商业企业。

个人征信机构及个人信用评分公司的主要业务：个人消费市场评估，其征信对象为消费者个人，信用评级机构也参与个人信用评级。

美国个人征信市场主要有 Equifax、Experian、Trans Union 三大征信局（表 2-1），Fair Isaac Corporation（主要开发 FICO 评分），另外还有 400 多家区域性或专业性征信机构（依附于上述以上机构，或向其提供数据）组成，其数据主要来自数据提供商（fijrnisher）。

表2-1　美国三大征信局数据资料

名称	Experian	Equifax	Trans Union
概况	成立于 1996 年 总部设立于爱尔兰的都柏林，在英国诺丁汉、美国加利福尼亚和巴西圣保罗设有运营总部 在 44 个国家拥有超过 1.72 万名员工 覆盖全球 4 亿消费者和 5000 万家企业 2006 年 10 月在伦敦证券交易所上市 伦敦金融时报 100 指数（FTSE-100）的成分股之一	成立于 1899 年 总部设立在佐治亚州 在全球 19 个国家有近千万家企业，近 7000 名员工 提供全球性信用信息服务。 1971 年 5 月在纽约证券交易所上市	成立于 1968 年，2015 年 3 月改为现用名 总部位于美国伊利诺伊州芝加哥 在全球 35 个国家拥有分支机构 覆盖全球 5 亿多消费者 2015 年 5 月在纽约证券交易所上市
特色经营	信用信息 征信评估 数据分析测算	信用资讯 信用分析 信用风险评估 信用模型	分析、决策与信息管理 信用报告 防欺诈保护 已进入中国上海
数据领域	已实现了金融服务、零售、电信、公用事业、保险、汽车、医疗、慈善机构、娱乐休闲、房地产和公共部门等行业的全覆盖	收集、整合和处理消费者个人信用记录	收集、整合和处理消费者个人信用记录

Equifax、Experian、Trans Union 通过兼并中小型征信局，建立起自己的数据库，各自采集数据、加工数据、提供产品。美国三大征信局和 1000 多家地方中小征信局收集了约 1.6 亿成年人的信用资料，每年提供 6 亿多份消费者个人信用报告，收入超过 100 亿美元。美国的消费者信用报告主要由这三大征信机构提供，其余小型征信

公司只在某类业务或一个较小的区域范围内提供服务。在企业征信服务方面，D&B公司则几乎占据美国绝大多数的市场份额。

知识拓展：美国的 FICO 评分

Fair Isaac 公司是美国的著名的信用评估公司，该评级公司在 20 世纪 50 年代后期就开始了个人贷款信用评级工作，FICO 信用分的评级法已得到社会的广泛接受，并成为评估信用风险时使用的可靠工具之一，FICO 基本垄断了个人的信用评分领域，美国的 FICO 评分系统也由此得名。

FICO 本身并不采集和存储数据，只是通过不同的变量、参数，提供信用分数计量算法。一般来讲，美国人经常谈到个人信用得分，通常指当前个人的 FICO 分数。Fair Isaac 公司针对三大征信局开发了三种不同的 FICO 评分系统（表 2-2），使用的是相同的方法，并且都分别经过了严格的测试。即使客户的历史信用数据在三个信用管理局的数据库中完全一，从不同的信用管理局的评分系统中得出的信用得分也有可能不同，但是相差不大。

表2-2　FICO评分系统服务三大征信局

征信局名称	FICO 评分系统名称
Equifax	BEACON
Experian	ExperianPFair Isaac Risk Model
TransUnion	FICO Risk Score, Classic

FICO 信用分的打分范围是 325 ～ 900。分数越高，说明客户的信用风险越小。FICO 信用分计算的基本思想是把借款人过去的信用历史资料与数据库中的全体借款人的信用习惯相比较，检查借款人的发展趋势跟经常违约、随意透支，甚至申请破产等各种陷入财务困境的借款人的发展趋势是否相似（表 2-3）。美国各种信用分的计算方法中，FICO 信用分的正确性最高。据一项统计（表 2-4），信用分低于 600 分，借款人违约的比例是 1/8，信用分介于 700 ～ 800 分，违约率为 1/123，信用分高于800 分，违约率为 1/1292。因此，美国商务部要求在半官方的抵押住房业务审查中使用 FICO 信用分。

表2-3　FICO信用评分数据结构

组成部分	权重	内容
偿还记录	35%	信用账户还款记录；公开记录及支票存款记录；逾期偿还具体情况
信用账户数	30%	仍需偿还的信用、分类账户数；账户余额；信用额度使用率
信用历史时间	15%	最早开立、新开立的账户年龄；平均信用账户年龄
新账户	10%	新开立的账户数、账户年龄；目前信用申请数量；或贷方查询用户信用的时间长短；最近信用状况
已用信用产品	10%	持有的信用账户类型；每种类型的信用账户数

表2-4　美国大数据统计的FICO信用违约数据

信用评分	人数百分比	累计百分比	违约率
300 ～ 499	2%	2%	87%
500 ～ 549	5%	7%	71%
550 ～ 599	8%	15%	51%
600 ～ 649	12%	27%	31%
650 ～ 699	15%	42%	15%
700 ～ 749	18%	60%	5%
750 ～ 799	27%	87%	2%
800 ～ 850	13%	100%	1%

三、美国的主要征信机构

美国的征信体系主要由企业征信机构和个人征信机构组成，如图2-2所示。全国共有400多家专业性和区域性征信机构。

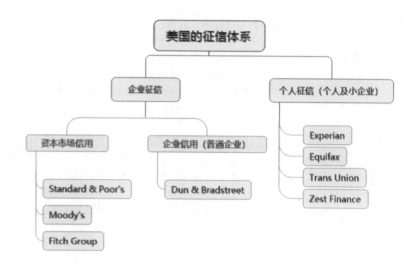

图2-2　美国的征信体系

美国的企业征信机构：D&B、标准普尔①（Standard & Poor's）、穆迪（Moody's）、惠誉集团（Fitch Group）等公司为世界各国、企业、机构及其债券等进行评级、授信。

美国的个人征信机构：消费者信用信息征信机构形成了以 Experian②、Equifax 和 Trans Union 为中心，200 多家小型征信机构并存的局面，如图 2-3 所示。

图2-3　美国的个人征信机构产业链条

近年来，互联网公司发展迅速，比如泽斯塔金融（Zest Finance）、Fair Isaac 公

---

① 1860 年普尔创立，1941 年由普尔出版公司和标准统计公司合并而成。现面向 126 个国家和地区进行主权信用评级。

② Experian 通常被列为美国三大征信局之一，但它并不是一个美国公司，其总部位于爱尔兰首都都柏林。Experian 在美国的个人征信业务可与 Equifax 和 Trans Union 媲美。

司的 FICO 评分系统。以上各机构及大量的小型征信机构各自满足着不同的市场需求，共同促进美国消费者信用体系的发展完善。

知识拓展：成熟的美国征信产业链

美国征信产业链非常成熟。以个人征信业务为例，其征信产业链已经相当完善，主要包括数据收集、数据处理、形成产品和产品应用 4 个环节（图 2-4）。从上游数据源采集到数据标准化、数据处理、信用使用已有明确的分工并构成完整而成熟的产业链。例如，收集数据源，主要来自金融机构、犯罪记录、公共信息、地方征信公司、公共事业单位、电信运营商等机构；数据标准化，一般应用于 Metro-1、Metro-2 软件处理；数据处理挖掘，主要是几家征信机构——Experian、Equifax、Trans Union、Zest Finance；征信的代表性产品有 FICO 信用分等；征信信息的使用则主要有各授信机构、租赁、信用卡申请、个人房贷、公司招聘、联邦政府、公共机构等。

数据费用主要以市场化定价：金融和零售等机构免费提供；公共部门的数据交由第三方数据处理公司简单处理后，收取一定费用；征信公司之间进行信息共享，并收取费用；主动到相关企业或个人工作地调查收集，自身承担相应费用。

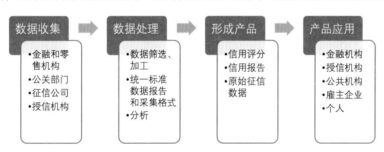

图 2-4　美国征信行业产业链

四、美国的征信法律建设

1967 年《诚实信贷法》（*Truth in Lending Act*），是美国第一部征信档案管理法律，它开启了美国个人征信行业的立法及监管，美国成为第一个对征信行业进行监管的国家。

1970 年制定并于 1971 年 4 月开始实施的《公平信用报告法——消费者信用保护法》，是美国第一部真正意义上的信用法规。

其后,《信用控制法》(*Credit Control Act*)、《信用卡发行法》(*Credit Card Issuance Act*)、《公平信用和贷记卡披露法》(*Fair Credit and Charge Card Disclosure Act*)、《信用修复机构法》(*Credit Repair Organization Act*)、《住房抵押披露法》(*Home Mortgage Disclosure Act*)、《平等信用机会法》(*Equal Credit Opportunity Act*)、《公平信用结账法》(*Fair Credit Billing Act*)等相继出台,形成美国的征信档案管理法律体系。该体系一共包括17部法律,其中1部法律因为不符合经济发展要求而被废止,现行共有16部法律正在发挥作用。其中这16部法律按照颁布目的的不同可分为2个法律类别:消费者权益保护法和征信机构行为规范法等。

各州的立法机构也有相关的法案用于规范个人征信行为,完善的法治环境对征信市场的有序发展发挥了重要作用。

五、美国的征信监管

鉴于政治体制和市场发展等原因,美国的信用管理体系呈"双级多头"的管理状态。双级是指除了联邦监管,各州都设有各自的信用监管机构。

但是美国并没有设立一个统一的监管部门,而是由多个部门从行政和司法方面对金融和非金融机构进行监管,再加上民间行业协会组织的管理自律,最终形成多头监管的格局。

各监管机构可以归类为行政监管和行业自律两种。

行政监管机构主要有美国联邦贸易委员会(Federal Trade Commission,FTC)、消费者金融保护局(Consumer Financial Protection Bureau,CFPB)、国家信用联盟管理办公室(National CreditUnion Administration,NCA)、储蓄监督办公室(Office of Thrift Supervision,OTS)、货币监理局(Office of Comptroller of the Currency,OCC)。

行业自律机构主要有全国信用管理协会(National Association of Credit Management,NACM)、消费者数据产业协会(Consumer Data Industry Association,CDIA)、美国国际信用收账协会(The Association of Credit and Collection Professionals,ACA International)。

总体来讲,美国对征信市场的监管以行业自律为主,以行政监管为辅。

在市场化为主的引导下,以"保护消费者权益"为中心,各行业自律组织、联邦和州立监管机构按照自己的管辖范围,依照法律对征信行业的相关从业机构和人员进行逐条监管。

第三节　日本的征信体系

一、日本征信体系的演进

在亚洲，日本的征信行业较发达、行业产值高、历史悠久。从征信行业发展历程来看，日本征信业经历了渐进发展过程（图2-5）。

图 2-5　日本征信行业发展历程

（一）萌芽阶段

明治维新之后，征信业伴随银行业发展而萌芽。在金融领域，日本统一了货币并在 1882 年建立日本银行。1892 年，日本第一家征信机构——商业兴信所成立，专门提供银行资信调查。在同一时期，东京商工所和帝国数据银行相继成立。

（二）起步阶段

二战后日本银行业、信用销售和消费信贷快速发展，促进了区域性行业信用信息机构的产生。日本在战后大力发展经济，在 20 世纪 60 年代末一跃成为世界第二大经济体。在这一时期，全国很多地方行业协会成立了行业信用信息中心，通过会员制方式为当地的金融机构提供信用信息共享服务。服务于银行业、消费信贷、销售信用领域的信用信息机构分别出现，但这些机构地域分散、鱼龙混杂、规模较小。日本政府为了规范分期付款销售模式，在 1961 年颁布了《分期付款销售法》。

（三）发展阶段

征信机构开始整合，由分散走向集中。日本销售信用业、消费信贷业、银行业行业协会各自整合区域信用信息中心，成立全国性行业征信机构。1984年，信用信息中心（CIC）成立，整合日本各地个人销售信用信息中心。1986年，33家个人消费信贷信息中心联合成为株式会社日本信息中心（JIC）。1988年日本全国银行信息信用中心（BIC）成立，整合了日本各地25家银行个人信用信息中心。

至此，三大行业信用信息中心成立。

三大行业信用信息中心为了进一步界定风险，解决多重负债问题，成立了三方信息协会，开始运行信息交换系统。另外，帝国数据银行和东京商工所两家企业征信公司在市场竞争中脱颖而出，成为企业征信市场的佼佼者。

征信发展过程中，日本逐渐重视对个人信息的保护。1983年之后陆续完善了征信业法律法规，加强对个人信息的法律保护。

（四）稳定阶段

20世纪90年代日本经济结束了高增长的态势，征信行业进入稳定期。在个人征信领域，三大行业个人信息中心已经能够满足会员机构对个人信用信息的实际需要。在企业征信领域，经过几十年的兼并发展，帝国数据银行与东京商工所两大巨头已经牢牢占据企业征信大部分的市场份额，凭借专业优势、人才优势和数据累计优势建立了坚固的护城河。

20世纪90年代之后，以行业协会主导的会员制成为征信业的主要特色，日本征信业发展步入正轨，政府与征信业之间的关系进行了重新定位，两者之间更接近主顾关系，政府对外免费公开信息，同时有偿使用业界的服务，如破产分析、行业预测等；政府不干预业界的经营，有利于保持信用调查的公平、独立。

2001年《政府信息公开法》实施，日本政府开始向社会公开大量免费信息。目前公众可获得的内容包括企业登记、破产申请、企业个人纳税、土地房屋状况等资料，而且多是原始资料，对征信调查具有重大参考价值。

如今，征信公司的调查报告成为企业开拓新客户、提供信用额度的重要衡量指标，是政府采购时审查企业资质的重要项目，也是银行等金融机构对外贷款的重要依据。

二、日本的征信体系

由于信用文化与欧美不同，日本征信业形成了有别于欧洲的公共征信模式，又不同于美国的市场化运作模式，以行业协会主导与市场化运作并存的混合业态。

日本实施行业会员制征信体系[①]，日本的征信机构则是典型的混合所有制模式。日本征信体系及其产业的发展与日本的信用消费发展是同步的，在其发展过程中，行业协会发挥了很大作用。

日本的银行、信用卡公司、其他金融机构、企业、零售商店等都可以成为信用信息中心的会员，通过内部共享机制实现中心和会员之间的征信信息互换。会员有义务向中心提供客户个人征信数据，中心也仅限于向会员提供征信查询服务。

日本征信体系如图 2-6 所示。

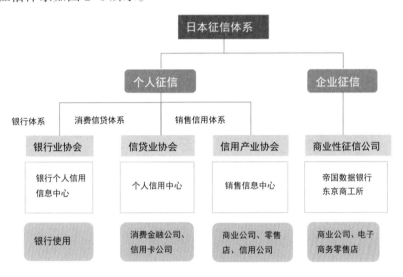

图 2-6　日本征信体系

三、日本的征信机构

（一）企业征信机构

日本的企业征信机构主要有帝国数据银行、东京商工所。

帝国数据银行（TDB 公司），成立于 1899 年，当前注册资本 9000 万日元，拥

[①]　这种征信体系也被称为行业协会模式、行业会员模式，日本和巴西是代表国家。主要借助行业力量，在行业内部征集信用信息，信用信息可以在会员或相关组织之间共享。

有 85 家营业网点，雇用员工约 3200 人，建有亚洲最大的企业资信数据库，有 4000 户上市公司和 230 万户非上市企业资料，占有 70% 以上的日本企业征信市场份额。TDB 不仅对外提供信用信息、催收账款、市场调查及行业分析报告等服务，还可为委托人以"现地现时"的方式进行信用调查服务。

东京商工所（TCCI），成立于 1892 年，当前注册资本 6700 万日元，雇用员工约 1700 人，收录了 2 份企业信用信息。

（二）个人信用信息中心

日本的全国银行消费者信用信息中心（KSC）、JIC 和 CIC 是主要的个人信用信息机构，其他征信机构的实力和规模与此三家机构存在明显的差距。

日本全国银行消费者信用信息中心（KSC）是由东京银行协会建立，按地区范围提供会员服务，后来随着消费者融资市场的快速发展，其他 24 个银行协会也逐渐加入，最终于 1988 年成立了整个日本银行消费者信用信息中心，信息数据库实现统一运作和管理。KSC 以银行等金融机构为会员，在 1582 家会员中包括 131 家商业银行、1230 家非银行金融机构、220 家银行附属公司和 1 家信用卡公司，其信息的主要来源是会员银行 KSC 的运行费用在会员之间结算，提供信息或使用信息均采用收费的方式，以维护系统的运行和不断扩大。该数据中心还与其他协会的数据中心就消费者的不良信用记录进行业务交换，建立了企业信息的交换制度和系统。

株式会社日本信息中心（JIC）是由日本信用信息中心联合会管理，由作为其股东的全国 33 所信息中心组成，每个信息中心都是独立的公司，各地区的消费金融公司是其会员股东，其中，1972 年设立的株式公司 Lenders Exchange 是最早的机构，之后各地信息中心快速发展，1976 年 10 家机构第一次组成联合会，1984 年形成全国规模的网络。该中心成立以来，为保证消费者信用信息的准确和及时，每年进行的信息更新、修改近 20 万件，同时雇用大量的调查员、分析员为客户提供电话信息咨询服务和收集、整理官方报刊发布的破产公告等信息服务。

CIC 是向商业信用授信机构（赊销厂商）提供消费者信用调查的消费者征信机构，业务量在日本消费者征信体系及其产业中是最大的，其前身包括以汽车系统和流通系统的信用卡公司为中心的"信用信息交换所"和以家电系统的信用公司为中心建立的"日本信用信息中心"等，其会员主要是由各信用销售公司和信用卡公司组成，对会员的要求比较严格，如要编制"企业内部统制程序（Compliance

Program）"、设置"消费者信息管理主任"等，与其他信用机构相比，在信息的管理和安全保密方面也很明确。

四、日本的征信监管

日本并没有专门的监管机构，政府将自身的管理作用逐步弱化，而将法律的完善作为政府监管的主要目标。

从 20 世纪 80 年代开始，由日本政府相继颁布了《贷款业规制法》《行政机关保有的电子计算机处理的个人信息保护法》《政府信息公开法》等多部法律用以保护消费者信息，规范征信市场的发展，同时也确立了三大信用信息中心为官方的个人征信机构，如表 2-5 所示。这点几乎与欧美在征信监管方面相同，法律在征信监管中扮演着主要的角色，并且注重个人信息的保护。

日本的行业会员制包括准入审查制度、利用资格管理、会员资格管理、监测分析、义务违反处罚等方面。日本个人征信机构对会员的资质要求较高，实行严格的准入审查，审查内容包括申请会社的规模、人员、安全管理策略、数据库接入地。会员单位需每年向个人征信机构报告经营情况、信息利用和保护情况。日本个人征信机构定期对会员单位进行回访和监控，检查信息查询、登记与业务开展情况是否匹配，是否存在信息泄露情况等。发现违反义务情况后，实施暂停查询权力、解除会员合同等处罚措施。

表2-5　日本主要征信立法情况

时间	名称	主要内容
1983 年	《贷款业规制法》《分期付款销售法》	对于个人信用信息的收集和使用等做了初步规定，信用信息只能用于调查消费者的偿债能力或支付能力
1988 年	《行政机关保有的电子计算机处理的个人信息保护法》	对行政机关保有的由计算机进行处理的个人信息提供了法律保护
1993 年	《行政改革委员会行政信息公开法纲要》	对收集政府部门保有的信用信息提供法律依据
2001 年	《政府信息公开法》	政府将其掌握的大量信息免费向社会公开，如企业登记、土地房屋状况、纳税信息、破产申请等资料

时间	名称	主要内容
2007 年	《金融工具和交易法案》	2007 年 9 月，颁布《金融工具与交易法》，要求日本 REITs 对不动产的管理，必须聘请第三方投资管理公司作为投资管理人进行运营管理。第一次以法律的形式明确由日本金融服务局对信用评级业务进行监管，引入评级注册制
2009 年	《内阁府令》	进一步就评级管理体系的若干重要事项做出强调。主要包括评级过程质量控制、轮换制、管理委员会及合规管理等内容
2019 年	《金融工具与交易法》（修订）	2019 年 5 月，日本众议院修订《金融工具与交易法》与加密货币相关法律，并于 2020 年 4 月生效。修订后《金融工具与交易法》（FIEA）文件引入了电子记录可转让权利 (ERTRs) 的概念，以确定 ICO 和 STO 受 FIEA 的监管

五、日本征信业务收费情况

行业协会收集征信信息并提供征信服务，服务不以营利为目的，象征性地收取成本费。比如，日本信用情报机构（JICC）、CIC、全国银行个人信用情报机构（PCIC）通过 CRIN 共享信用信息，并依据信息种类不同，收取不同的费用。

第四节　其他国家的征信体系

一、德国的征信体系

（一）德国的征信体系构成

德国的征信体系特点是公共征信系统和私营征信机构并存，德意志联邦银行的信贷登记中心（公共征信系统）、私营征信系统（市场化征信系统）、行业协会系统（会员制征信系统）三方构成了德国征信体系的支柱，如图 2-7 所示。

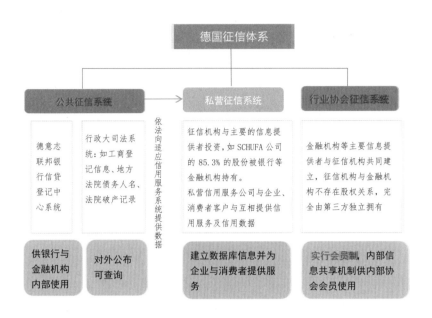

图 2-7　德国的征信体系

德意志联邦银行的信贷登记中心成立于 1934 年，由《德意志联邦银行法》授权创建，是世界上最早建立的公共征信机构。它以中央银行的名义行使征信权力，在随后的漫长岁月里，不断扩大公共征信业务报送范围，通过建设 BAKIS-M 系统，采集企业和个人的正、负面信息，要求商业银行、财务公司、保险公司、信用卡公司等定期提供数据，不断更新。

数据报送机构可向系统申请查询单个借款人或关联借贷主体的信息；信息主体可以免费获取自身信用报告，并针对数据库中的信息向数据报送机构提出异议。德国公共征信系统为监管部门和信贷机构提供了大量的实际案例和数据支持，实现了加强审慎监管和风险控制、促进信息共享和信贷投放的目的。

（二）德国的征信监管

为了规范征信行业，保护消费者的个人数据，德国联邦政府出台了《联邦数据保护法》（BDSG）、《商法典》（HGB）、和《信贷法》（KWG）等多部法律。

其中《联邦数据保护法》是德国最主要的数据保护法规。自 1978 年推出以后的 30 多年里，政府根据市场的发展以及欧盟的建议指令对该法案进行了数次修改。尤其在 2000 年以后，修改的频率保持在平均两年一次，为规范和监管个人数据信息的使用作出了重要贡献。

二、印度的征信体系

印度在征信体系建设方面，借鉴欧洲公共征信机构主导的经验，以及英美私营征信机构发达的经验，采用混合发展模式。

印度的征信业是在 1997 年亚洲金融危机背景下发展起来的。当年的外汇危机促使其重新审视亚洲现有的征信信息基础设施和过度借贷造成的严重影响。1999年印度央行成为个人征信机构框架。2000 年 8 月，成立了印度信用信息有限公司（CIBIL），并于 2004 年开始运行。

由于多项银行法规均禁止披露借款人信息，2005 年印度颁布了《征信法》，具有里程碑意义，为征信机构开展业务提供了法律依据。2009 年，印度央行又批准另外 3 个机构提供征信息服务，加速了征信机构发展步伐。

印度央行设置消费者信用和商业信用两套独立的数据库，并强制授信机构向该公司报送信用信息。该机构为公私合营性质，股东以信贷机构为主体，采取用多元化股权的公司制运作模式。各授信机构须先申请成为会员，并提供自身拥有的信用信息，才能使用征信机构提供的信用信息查询服务，并承担查询费用。

小额信贷机构向低收入借款人提供信贷资金时，征信报告成为重要的风险判断依据，征信机构 CRIF High Mark 的例子展示了印度征信报告行业的惊人增速，2011 年该机构开始运营，仅 4 个月就收到了 30 家信贷机构的 3500 万份记录；2017 年，它拥有 3600 名成员，覆盖所有公共、私营银行，小额信贷机构，住房金融公司，区域农村银行及众多的非银行金融公司。维护着 8000 多万小额借款人和共计 3.6 亿多借款人的历史记录，支持了 2 亿多笔贷款的审定。2017 年，印度推广生物身份识别项目得到世界银行集团认可，因"支持低收入妇女和小企业贷款"而获得万国邮联杰出成就奖。

三、韩国的征信体系

韩国征信体系表现为两层构架、三种共享模式。第一层构架包括中央信用信息集中登记机构（即韩国银行联合会，简称 KFB）和四家行业信用信息集中登记机构，均为非营利机构。第二层构架为以营利为目的的私营征信局或征信公司，它们从上述登记机构采集信息，同时通过协议从金融机构、百货公司等债权人处收集其他信用信息，再对外提供信用评级和报告等服务。

三种共享模式：①强制金融机构向 KFB 报送信用信息，再由 KFB 提供给私营征信公司；②通过协会或公司集团实现行业内部信息共享；③征信公司购买其他信息。

第三章　我国征信体系建设概况

我国征信体系建设概况知识结构如图 3-1 所示。

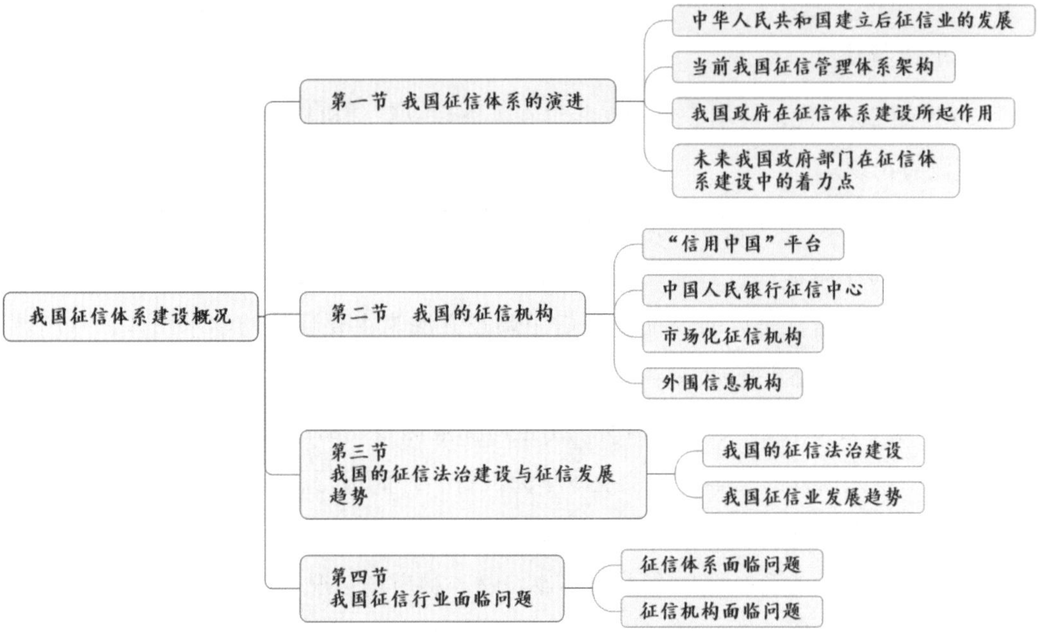

图 3-1　我国征信体系建设概况知识结构导图

第一节　我国征信体系的演进

我国征信业萌芽时间跨度很长。春秋时期便有"信而有征"的记载，元代出现的百跑堂为商人提供信用调查报告，清代的钱庄广泛开展征信业务。直到 20 世纪 30 年代，我国出现了首批专业的征信机构，主要有日本人开办的上海征信所、帝国征信所、东京征信所，美国人开办的商务征信所和中国商务信托局。[①]1932 年，我国的第一家征信机构——中华征信所在上海成立，标志着我国近代征信业的开端。随后联合征信所、中国征信所相继成立。征信机构的业务不断扩大，中国征信所在天津、汉口设立分所，联合征信所在重庆、汉口、天津、南昌设立分所。

---

① 王维骃. 中国征信所概况 [J]. 交行通信，1934（5）：34-35.

案例：中国近代最早的征信机构

1. 中华征信所

20 世纪 20 年代，日本、美国派相继在上海建立征信机构，而中国人自己的征信所一直没有出现。

1932 年 3 月，由中国银行发起创办了中国人自己的"中国兴信社"，包含中国银行、上海商业储蓄银行、浙江实业银行、交通银行、四行储蓄会、中央银行等七家会员。中国兴信社是以研究征信和信用调查方法为主要目的的学术团体，专门调查工商界信用，传播市场动态。

1932 年 6 月 6 日，"中国征信所"由上海商业储蓄、浙江兴业等银行共同发起成立，涵盖中国兴信社的基本会员、上海华商银行、外商银行、外资公司等 34 家会员。中国征信所是华商银行的联合调查机关，是中国征信业的创始。中国征信所专门办理信用调查，以及工商企业、个人的事业、财产和市场情况，将所得资料加以整理，制成报告或印成刊物，供各会员参考，也售卖给非会员的工商企业或个人。

1934 年 5 月 15 日，中国征信所改组为中国征信所股份有限公司。截至 1935 年 11 月，中国征信所已有会员单位 154 家，每天接受的调查要求平均在 20 ～ 30 份。从创办开始到 1936 年 7 月，共发行调查报告超 3 万份，具有很强的社会影响力。不少外商银行纷纷加入，成为普通会员，连美国商务参赞也加入成为会员。

2. 联合征信所

当受到外部冲击时，公众能利用征信机构提供的信息对经济形势做出更准确的判断，制订应对冲击方案。可以说，征信机构提供的信息是人们应对外部冲击的前提条件。许多学者的研究都表明征信机构往往出现在经济剧烈波动时期。联合征信所恰好是在外部冲击、经济动荡时建立的。1945 年起，由于物价、黄金、汇率和利率四者密切相关，物价、黄金高涨导致了汇率和利率的剧烈波动。国民党政府直接经营的中央银行、中国银行、交通银行、中国农民银行联合办事处总处的简称为"四联总处"，控制着国家行局及整个金融业。1945 年，在四联总处指导下联合征信所成立。为了适应银行贷款需要，联合征信所经常对各厂商进行调查分析，定期或不定期地把这些厂商的生产经营情况（包括产销、盈亏、资金、管理等各方面的情况）编印出来供各银行审核贷款时参考。1945 年 3 月，联合征信所在重庆正式成立。1945 年 11 月，联合征信所将总所移到上海，将重庆改为分所，后又在汉口、天津、南昌等经济相对发达地区相继设立分所。

联合征信所的委托机构众多,有四联总处、中国银行、中央银行、交通银行、中国农民银行、中信邮汇两局、大陆银行、上海银行、中国实业银行、资源委员会、两路管理局、国府顾问室、美国大通银行、荷兰安达银行等以及英、美、法等国大使馆,其中四联总处和国家行局是它的主要服务对象。1946 年 1 月到 1948 年 1月,联合征信所总所共调查案件 10515 件,其中为四联总处的服务占到了案件总量的 10.63%,国家行局的服务数量占到了 59.93%,对其他机构的服务占 29.43%。联合征信所分所的服务对象与总所类似,1947 年重庆分所调查案件 466 件,其中四联总处及重庆分处的调查占总量的 20.39%,国家行局这一比例为 66.31%,其余单位为13.3%。1947 年平津分所委托案件总数为 315 件,四联总处、国家行局、其余单位分别占总委托量的 9.21%、73.97%、16.82%。从以上统计可以看出,联合征信所总所和各分所调查的案件中,虽然具体数据不同,但是四联总处和国家行局是其主要服务对象。

一、中华人民共和国成立后征信业的发展

我国现代征信业自 20 世纪 80 年代起步,至今已有近 40 余年的发展历史。自此我国征信业从无到有,逐步发展,发生了巨大的变化。

我国的征信体系发展经历了以下几个阶段。

(一)征信业务萌芽阶段

一般界定于 1978—1995 年,以企业征信的萌芽活动为主要特点。

改革开放后,我国经济逐步融入世界经济发展中,国内企业与国外企业之间的经济交往越来越频繁,对规避外贸风险、了解交易对象信用状况的需求日益增加。对外经贸往来交易记录的信用信息服务需求促进了我国早期企业征信机构的产生。

20 世纪 70 年代后期,为适应企业债券发行和管理,中国人民银行批准成立了新中国第一家信用评级公司——上海远东资信评级有限公司。此期间,为满足涉外商贸往来中的企业征信信息需求,对外经济贸易部计算中心和国际企业征信机构 D&B公司合作,相互提供中国和外国企业的信用报告。

20 世纪 90 年代初,我国陆续成立了一批专门对外提供企业征信服务的资信调查公司,如新华信商业风险管理有限公司、华夏国际企业信用咨询有限公司等。1993年,新华信国际信息咨询有限公司等一批专业信用调查中介机构相继出现。至此,

专业信用调查中介机构相继出现，标志着现代征信业的雏形初步显现。

这一时期，国际知名征信机构，如 D&B 公司、ABC 公司、Experian 等，进入我国市场，为我国征信业发展提供了先进成熟的经验和技术，进一步推动了本土化的征信机构成长，加强了与外资征信服务机构的交流与合作。

（二）各地自主探索阶段

一般界定于 1996—2002 年，中国人民银行和各地方陆续搭建征信平台，探索个人征信建设。

1996 年，中国人民银行在全国推行企业贷款证制度。1997 年，上海开展企业信贷资信评级。1999 年，为落实中国人民银行批准上海市进行个人征信试点工作，从事个人征信与企业征信服务的上海资信有限公司成立。1999 年年底，银行信贷登记咨询系统上线运行。2002 年，银行信贷登记咨询系统建成地、省、总行三级数据库，实现全国联网查询。

2003 年，国家对国有商业银行实行股份制改造，提高了银行经营管理水平和风险防控能力，维护了金融稳定，发挥了金融在经济中的核心作用。金融体制改革催生了金融领域征信。同年，国务院赋予中国人民银行"管理信贷征信业，推动建立社会信用体系"职责，批准其下设征信管理局。随着上海、北京、广东等地率先启动区域社会征信业发展试点，一批地方性征信机构设立并得到迅速发展，一些信用评级机构开始开拓银行间债券市场信用评级等新的信用服务领域，一些国际知名信用评级机构进入中国市场。

2004 年，中国人民银行建成全国集中统一的个人信用信息基础数据库。2005 年，银行信贷登记咨询系统升级为全国集中统一的企业信用信息基础数据库。2008 年，国务院将中国人民银行征信管理职责调整为"管理征信业"并牵头社会信用体系建设部际联席会议。2011 年，社会信用体系建设牵头单位中增加了国家发展和改革委员会。2013 年 3 月，《征信业管理条例》正式实施，明确了中国人民银行为征信业监督管理部门，将征信业带入有法可依的轨道。

经过一段时间的征信服务建设，产生了上海模式（先个人征信，然后发展企业征信，走政府+企业结合的市场运作）、深圳模式（政府授权中介企业建立征信机构，形成体系，以市场化运作为主）、浙江模式（政府+各部门、社会联合征信）。

案例：我国个人征信机构的开创

1999 年，中国人民银行批复同意在上海开展个人消费信用信息服务试点，这标志着我国个人征信体系建设开始起步。

我国的个人征信业的竞争度较低。各地个人征信机构和个人征信系统的建设由当地政府支持建立，在资金、信息方面拥有垄断优势。

早在 1997 年，上海资信有限公司就成为一家区域性个人征信机构，由上海市信息投资股份有限公司、上海市信息中心、上海中汇金融外汇咨询有限公司、上海隶平实业有限公司等联合投资组建，是一家国有性质的股份制企业。上海市政府规定，上海市所有商业银行有关个人信用的信息必须提供给上海资信公司，中国人民银行上海分行在业务上支持上海资信公司，上海所有商业银行发行个人信贷业务必须向上海资信有限公司索取有关个人信用报告。这种模式保障了个人征信业务的信息来源，促进了征信业务的市场化发展。

1999 年，深圳鹏元资信评估有限公司受深圳市人民政府委托开始着手探索个人征信服务。2000 年 4 月，鹏元资信评估有限公司向市政府提出了建立个人征信及评级系统的请求。2001 年 3 月，深圳市政府委托鹏元公司筹建个人征信及评级系统。2001 年 12 月，深圳市政府通过了《深圳市个人信用征信及信用评级管理办法》，并于 2002 年 1 月 1 日正式实施。该办法是我国第一部个人信用地方法规，对我国社会信用体系的建立有着深远的意义。

2002 年 8 月，鹏元资信评估有限公司开发的深圳市个人信用征信及评级系统投入试运行，提供个人信用报告、信用评分、信用评级等服务，成为我国第二个较为完善的地方个人征信系统。

（三）全国统一征信阶段

在我国，社会信用体系建设真正启动是在 2003 年前后。在经济快速发展的同时，社会信用体系建设得到了高度重视与密切关注。2003—2014 年，中国人民银行主导建立全国统一的公共征信模式，企业征信与个人征信建设迈上新台阶。

1. 国务院长期规划

2003 年，我国提出社会信用体系建设，国务院批准中国人民银行设立征信管理局，地方性征信机构设立并迅速发展，中国人民银行为征信业监督管理部门。

2008 年，国务院将中国人民银行征信管理职责调整为"管理征信业"，推动建立社会信用体系。

2014 年 6 月，国务院印发《社会信用体系建设规划纲要（2014—2020 年）》的通知，全面推动社会信用体系建设。

2. 中国人民银行建立全国集中统一的个人信用数据库

2004 年，中国人民银行开始建立全国集中统一的个人信用数据库，2005 年，中国人民银行制定并颁布了《个人信用信息基础数据库管理暂行办法》，采取了授权查询、限定用途、保障安全、查询记录、违规处罚等措施，保护了个人隐私和信息安全，保障了个人信用数据库的规范运行。2006 年 1 月，该数据库建成并正式全国联网运行。

3. 中国人民银行升级全国企业征信数据库

2005 年，银行信贷登记咨询系统升级为全国集中统一的企业信用信息基础数据库，开始积极推动工商、环保、质检、税务、法院等公共信息纳入征信系统。该数据库采集了 16 个部门的 17 类非银行信息，包括行政处罚与奖励信息、公积金缴存信息、社保缴存和发放信息、法院判决和执行信息、缴税和欠税信息、环保处罚信息、企业资质信息等。

2011 年 2 月，中国人民银行征信中心启动征信系统二代建设，成立了建设领导小组，专职负责建设工作。领导小组指导完成了应用架构、业务架构、数据架构、存储架构、网络架构、安全架构设计，明确了二代征信系统"干什么"和"如何干"。同时，领导小组开展制度梳理和标准制定等配套基础工作，完成了二代业务制度升级规划初稿，制定了征信术语和征信数据元等系统标准。

4. 中国人民银行完成"三地四中心"建设

2010 年，征信系统生产中心从北京切换至上海新数据中心运行。2012 年 7 月，上海同城数据备份系统投产运行。2013 年 11 月，北京灾备中心上线运行，实现了京沪两地日增数据的实时同步。2014 年，征信中心研发测试中心在天津成立。

2014 年年底，企业和个人征信系统接入机构数分别为 1724 家和 1811 家，接入小微型金融机构 1179 家和 1236 家，为村镇银行、小额贷款公司、融资性担保公司、贷款公司、汽车金融公司、消费金融公司等提供系统接入和查询服务。

2003 年，中国的信用信息指数 ① 为 3；2006 年升至 4；2014 年提升到 5。这一时期我国获取信贷信息的便利程度排名在全球大幅上升。

（四）"互联网 +"征信阶段

2015 年至今，互联网金融时代的征信业迅速发展，将大数据、区块链等技术快速运用到业务中。

2015 年 1 月，中国人民银行印发《关于做好个人征信业务准备工作的通知》，要求芝麻信用管理有限公司、腾讯征信有限公司等八家机构做好个人征信业务的准备工作，准备时间为 6 个月。该通知标志着国家开始培育多类型个人征信机构，进一步完善个人征信市场、服务实体经济。由于私营企业的逐利特性与个人征信的公共属性间存在矛盾，常导致个人征信服务不能通过中国人民银行审核。

2018 年 5 月，八家机构入股的百行征信有限公司在深圳正式揭牌，标志着我国的个人征信业务进入一个新的里程碑。百行征信收录用户的金融数据、生活数据、电商消费数据、其他交易数据，具有更强的征信服务创新能力，加快了征信业的市场化步伐。

2021 年 1 月，征信系统共收录 11 亿自然人、6092.3 万户企业及其他组织。其中，收录小微企业 3656.1 万户、个体工商户 1167 万户。

案例：中国人民银行个人信息数据库概况

2004 年，根据国务院要求，中国人民银行在总结试点经验的基础上加快个人征信系统的建设，在银行信贷登记咨询系统上增加"个人信用信息系统"——个人信用信息基础数据库。

个人信用基础数据库主要由征信管理局建设和管理。2004 年 12 月，个人信用基础数据库与全国 7 个城市的 15 家商业银行、8 家城市商业银行联网试运行。2006 年 1 月，个人信息数据库数据正式运行，将全国金融机构个人消费贷款 90% 的信用记录收录入库。

2020 年 5 月，二代征信系统正式上线运营，全面提升了数据采集能力、产品服务能力、系统运行性能和安全管理水平，推出了互联网查询、银行 App 查询等多种查询方式。

---

① 信用信息指数是世界银行用来反映一国从公共或私人征信机构获取信息的难易程度以及所获信息的范围和质量的指标，满分 6 分，分数越高表明一国的征信体系可以提供给授信机构的信用信息越多，对借款人的权益保护越完善，越便利贷款决策。

2020年以来，中国人民银行征信中心积极落实征信查询费用减免政策。自2020年3月1日至12月31日，面向10类农村、民营和小微金融机构免收征信查询费及登记服务费。数据显示，2020年全年两项费用共减免9.8亿元。其中，征信系统减免共计9.5亿元，惠及金融机构3488家，有效降低了企业融资成本和金融机构信贷业务审核成本。

目前中国人民银行个人信息系统主要应用于银行体系，其目标是转化为一个独立于中国人民银行的第三方股份制公司。此外，海南、浙江、北京、济南、天津、广州、汕头、温州、厦门、大连、成都等地也陆续建立或计划本地区的联合征信体系。行业方面，部分银行、税务、工商等也陆续建立本行业的信息系统。

随着我国征信行业的发展，未来个人征信行业的竞争将会更加激烈。根据世贸组织规则，外资银行和国外征信机构也可以使用当地的征信数据库，这必然会加剧个人征信行业的竞争。

就供给来看，目前我国提供个人信用产品的机构仍较少。由中国人民银行运作的个人征信系统目前只提供个人信用报告等初级产品。当前，我国具有一定创新和研发能力的个人征信机构逐渐增多，带来更多细分市场产品和个人征信产品供给，逐渐满足个人征信产品的市场需求。中国征信业大事记如图3-2所示。

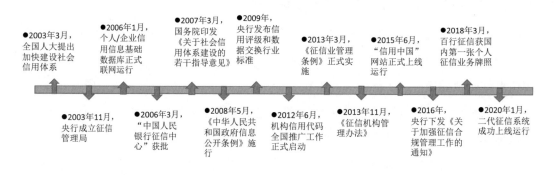

图3-2　中国征信业大事记

二、当前我国征信管理体系架构

我国现阶段社会信用管理体系的架构主要有四个条线。一是政府机构牵头的全国性的公共信用管理，如"信用中国"及其各省市县模块，包含各地方性信用管理平台，是各级政府部门主导的纵向征信系统；二是由中国人民银行主导的金融领域的征信管理；三是由行业协会实施的征信管理，如百行征信[①]；四是由备案信用机构形成的内部闭环征信管理平台，包含各种市场化的服务机构，如评级公司、互金大数据平台、资信调查公司等，如图 3-3 至图 3-4 所示。

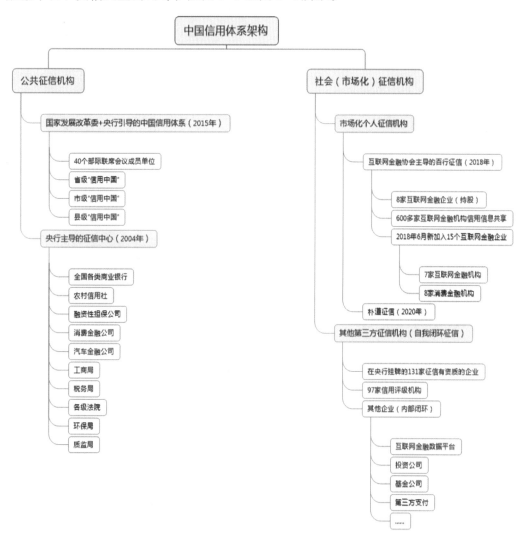

图 3-3 我国征信体系宏观架构

---

① 百行征信有限公司由中国互联网金融协会及 8 家市场征信机构组建的市场化个人征信机构，于 2018 年 3 月 19 日成立，主要经营信息征集、信用评级评估、咨询、培训、市场调研、数据库服务、技术服务。

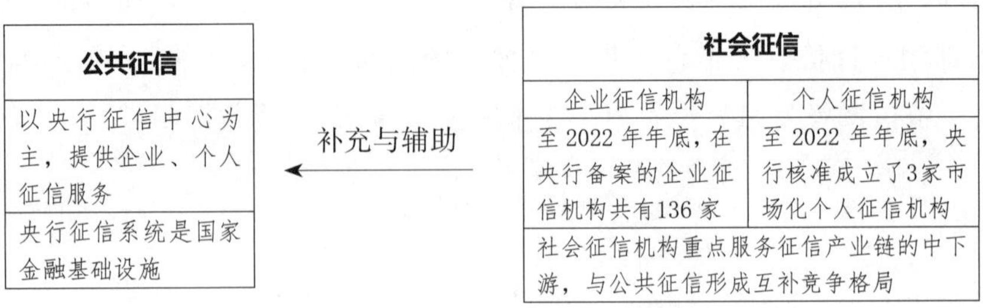

公共征信	社会征信	
以央行征信中心为主，提供企业、个人征信服务	企业征信机构	个人征信机构
	至2022年年底，在央行备案的企业征信机构共有136家	至2022年年底，央行核准成立了3家市场化个人征信机构
央行征信系统是国家金融基础设施	社会征信机构重点服务征信产业链的中下游，与公共征信形成互补竞争格局	

补充与辅助（←）

图3-4　我国征信体系由公共征信和社会征信构成

（一）中国人民银行主导的征信体系情况

1999年，中国人民银行信贷登记咨询系统上线运行。2002年，该系统建成总行、省行、地区分行三级联网数据库；2006年3月，经国务院批准的中国人民银行征信中心，开始建设、运营、维护我国企业和个人统一的征信信息数据库，统一管理我国企业和个人的征信档案，对外提供按补偿成本原则收费的征信报告。我国征信体系如图3-4所示。

中国人民银行征信包含企业类征信、个人征信两类。金融征信系统采集了企业和个人在产品质量、环境保护、外汇管理、法院判决与执行等领域的行政信息、处罚信息等信息，涉及16个部门的17类非银行信息，强化了征信产品的多样化、专业化、复杂化特征，提供了金融借贷等活动中需要的相关查询服务。中国人民银行的征信管理提高了企业和个人守信的自觉性，推动了行业信用体系建设。截至2018年，金融征信系统在31个省和5个直辖市都设有分中心，并在我国的各级市、县设立了征信报告查询网点。我国征信机构分布情况如图3-5所示。

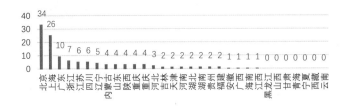

图3-5　我国征信机构分布情况（2021年1月）

中国人民银行征信中心是我国社会信用体系建设的核心组成部分，已经成为我国重要的金融基础设施，为我国宏观经济管理、金融政策制定、金融风险防范、金融生态环境改善、国民经济持续快速健康发展提供了重要支撑。

（二）由国家发展改革委与中国人民银行共同牵头建立的"信用中国"体系

2015年6月，由国家发展改革委和中国人民银行指导的、国家信息中心建设的"信用中国"上线。该平台构建了"五级一张网"社会信用建设体系，即全国设省、市、县、乡、村五级信用信息平台，实现了纵向上联国家，下联市、县、乡、村，横向联通部门信用信息系统，纵横贯通的全国社会信用信息"一张网"。

该平台由各层级政府部门共享数据，所有政府部门协作，协同推进政务诚信、商务诚信、社会诚信和司法公信建设等八项主要工作。

（三）各行业自律信用管理体系

国内多个行业协会建立了征信管理组织。2010年，由国家发展改革委中国中小企业协会、中国信息协会、工业和信息化部中国电子商务协会联合发起成立的中国中小企业协会信用管理中心，制订了中国"信星计划"；中国市场学会在民政部注册的中国市场学会信用工作委员会是专业的信用管理社团组织。

2015年，中国人民银行第一批允许开展个人征信试点业务的8家征信机构，既包括BAT系的互联网公司，也包括金融机构和民营机构。经过三年的征信活动检验与审核，发现8家机构存在以下两个方面问题：一是很难将征信活动与各机构的相关其他业务（如支付、借贷等）独立分开；二是各机构独立采集数据信息且不共享，只为自身的关联企业提供服务，旨在筑牢自己的业务闭环。

2018年2月，以中国互联网金融协会为第一大股东的百行征信股份有限公司获批首张个人征信牌照。2018年6月，百行征信与15家互联网金融机构和消费金融机构在深圳举行了信用信息共享合作签约仪式。

（四）各征信机构形成的市场体系情况

1993年，新华信国际信息咨询有限公司开始专门从事企业征信，是第一批专业信用调查中介机构的代表；1999年，上海资信有限公司开展对个人消费者信用风险评估的个人征信业务，对企业主、企业本身进行信用风险评估的企业征信业务。截至目前，中国境内与"征信服务"相关的公司有2000多家，其中完成备案的企业征信机构仅135家左右。[①]

---

① 数据来自凤凰财经WEMONEY。

此外，商业征信主要开展信用调查、信用评级等业务，包括 100 多家社会征信机构和 80 多家信用评级机构（如大公国际、中诚信等）。

（五）多点、多库逐渐成形

在国内主要的金融信用信息服务机构中，中国人民银行征信系统的主要客户是银行及持牌的小贷公司，互联网金融平台将尝试接入。

农信银资金清算中心联合中国银行业协会农村合作金融工作委员会携手全国农村合作金融机构（以下简称农合机构），成立了全国农村合作金融机构互联网综合金融服务平台，着重解决农村金融机构市场分割、服务分散、产品单一、无法形成合力等问题。

中国互联网金融协会信用信息共享平台和支付清算协会的互金风险共享系统之间的信息共享和数据对接也会是大趋势。

未来，结合中国人民银行征信系统可预期地开放，我国将形成一个庞大的征信体系。银联（官方机构）、网联（官方机构）、信联①（行业协会机构）将会成为三大数据采集渠道。信联与中国人民银行征信中心将会成为平行机构。

三、我国政府在征信体系建设中所起的作用

（一）我国政府部门在征信体系建设中的作用

我国以建立全国性高效信用体系建设为目标，围绕征信这个重要组成部分，坚持征信建设"有所为有所不为"的理念，通过"政府 + 市场"双轮驱动构建和完善我国的信用体系。

《中共中央关于构建社会主义和谐社会若干重大问题的决定》指出，构建社会主义和谐社会，必须"加强政务诚信、商务诚信、社会诚信建设，增强全社会诚实守信意识"。

政府作为整个社会经济事务的管理者，以政府诚信作为"立国之本"。在征信体系建设中，各级政府发挥了核心和引领作用，推动公共信用信息数据库建立、信用网络构架、信用探索试点设立、信用法治建设与完善、信用教育建设、行业监管执行等工作取得成效。

---

① 中国互联网金融协会第一届常务理事会 2017 年第四次会议，审议并通过了协会参与发起设立个人征信机构（以下简称"信联"）的事项，已经确定名称为"百行征信"。

（二）地方政府建立征信体系中的典型案例

在早期的个人征信体系建设过程中，上海、深圳等地方政府以行政指令者的身份介入，指导上海资信、深圳鹏元在很短的时间内、以较低的成本建立数据库，在短期内收到规模效益。

上海、深圳市政府十分重视城市信用文化建设、信用环境优化、信用市场培育等方面工作。如上海制定市社会诚信体系建设工作表，将工作任务分解到各职能部门，促进了全市的征信体系建设。社会诚信体系工作表涵盖上海市居民的日常生活、工作的各个方面信息，对改善社会诚信发展的整体环境起到支撑作用。

总的来说，各级政府在征信体系建设中扮演了指挥者和组织实施者的角色，有力推动了我国征信体系建设。长远来看，我国征信行业的高质量发展应紧紧依靠市场和行业协会，当然也离不开政府为征信行业发展提供的服务。

四、未来我国政府部门在征信体系建设中的着力点

未来在征信体系建设过程中我国政府应加强以下几个方面的工作：一是加快信用管理法规建设步伐；二是培育征信市场、培养征信人才；三是支持信用体系基础设施建设；四是推动各行业信用协会建设发展；五是加大宣传力度，向公众普及信用知识。

案例1：我国信用管理的多点、多库举例

1. 中国中小企业协会信用管理中心

2010年成立的中国中小企业协会信用管理中心是中国中小企业协会直属分支机构，由中国中小企业协会下属子公司深圳市前海中企信星信用服务有限公司运营，建有电子商务企业信用管理系统，在标准研究、技术研发与应用等方面做了很多努力。

2. 中国"信星计划"（以下简称"信星计划"）

由国家发展改革委中国中小企业协会、中国信息协会、工业和信息化部中国电子商务协会联合发起并支持的"信星计划"，提供一系列面向中小企业、面向电子商务的信用管理工具，将所有中小企业都置于统一的信用管理体系下，改善市场秩序，共铸信用中国。

3. 百行征信有限公司

2018 年 3 月，百行征信有限公司成立，是一家在人行指导下、由中国互联网金融协会（以下简称"中国互金协会"）及 8 家市场机构共同发起组建的市场化个人征信机构。经营范围：征集、利用企业信息，开展企业信用评估、评级、咨询、培训、市场调查及研究、数据库服务、技术服务；计算机软件及网络技术开发、销售、培训、转让，系统运行维护；销售计算机软硬件；会议策划；等等。

2018 年 6 月 28 日百行征信与 15 家互联网金融机构和消费金融机构在深圳举行了信用信息共享合作签约仪式。

4. 中国信用建设行业协会

按照《社会团体登记管理条例》在民政部登记设立的社会团体，以开展信用科学和技术研究为主，致力于信用指标、技术建设。

在中国人民银行的主导下，我国的银行业有着独立完善的征信体系，保险业的征信体系也在建设中，但其他行业普遍存在信用采集缺失、信用评价难度大的问题，给各行业间的交易制造了不小的障碍，响应全国打假办关于社会信用体系规划、质量信用征信体系建设、企业信用分级分类监管、各行政执法部门分别建立行业准（禁）入制度等政策的要求，探索建立社会组织改革后"一业多会"新角色、新定位的竞争机制，择优选择部分骨干行业协会参与到信用评价国家标准的课题研究中，全面推动行业协会主导下的行业信用体系建立，加快信用中国的建设步伐。

5. 全国企业信用信息公示系统

隶属于中华人民共和国国家市场监督管理总局。系统中设有企业信用信息、经营异常名录、严重违法失信企业名单等板块。

社会信用体系基本框架与运行机制如图 3-6 所示。

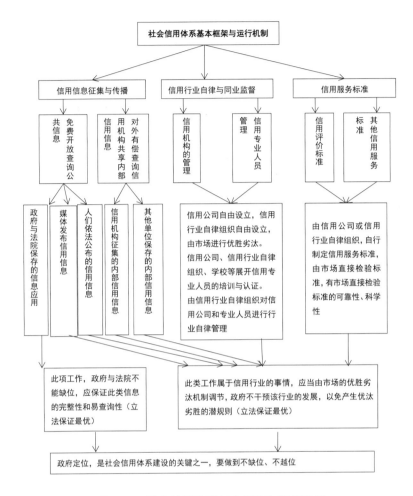

图 3-6 社会信用体系基本框架与运行机制

案例 2：绿盾企业征信系统

绿盾信息股份有限公司于 2009 年 9 月在山东省潍坊市工商行政管理局登记成立，绿盾征信（北京）有限公司（以下简称"绿盾征信"），是北京市双软认定企业、北京市高新技术企业。设立 10 多年来，一直致力信用电子商务、大数据企业征信工作，主持运营绿盾企业征信系统，承接政府公共信用信息平台建设。

绿盾企业征信系统为 1 亿多信息主体建立了信用档案，开创了集"互联网、大数据、中央数据库、地方联合征信"于一体的第三方社会征信新模式，通过互联网技术提供方便快捷的、公开免费的企业信用查询服务，为商务合作、市场交易、金融信贷、求职招聘、政府采购、招标投标、行政审批、市场准入、资质审核、风险防范等事项提供信用记录或信用报告。

绿盾企业征信系统设置了行政监管信息发布端口，开发了信用信息共享接口，开辟了消费者实名维权窗口，建立了企业商业纠纷和解机制，实现了在线生成打印信用报告、异地征信服务与网上协同征信等功能。绿盾征信系统 Web 版、Wap 版、App 版三版并行、数据同步，给移动互联网时代的用户带来了更为便捷的服务体验。

绿盾征信（北京）有限公司在征信系统建设、信用信息完善、征信产品研发、征信模式创新、市场激励诚信、联合惩戒失信等方面做出不懈努力，旨在帮助企业见证信用，保障大众消费安全，服务政府监管市场，促进社会和谐发展。让诚信的企业一路畅通，让失信的企业回归理性。

1. 企业目标

建立适合中国市场的企业社会征信体系和信用评级标准，打造一流的企业征信平台。

2. 业务目标

为每一家崇尚诚信、重视信用的公司，提供优质信用产品和征信服务。

3. 征信目的

社会效益：让诚信企业名扬天下，让失信商家回归理性，让欺诈行为寸步难行，让经济市场更加和谐。

企业效益：通过提供优质信用产品和征信服务，在公平原则下实现利益共赢。

4. 征信工作三原则

（1）客观真实原则。档案信息全部由全国各级政府职能部门、各行业协会（社团组织）、金融机构、主流媒体、信息主体和实名制下的广大消费者（包括交易对方、员工等）客观提供，通过绿盾征信工作人员见证、数据比对核实、社会监督（异议）三个环节机制，随时纠错，确保每条信息的真实性。

（2）杜绝主观评价原则。"让事实作证，让数据说话"，所有评判结果依据客观数据、统一标准计算得出，绿盾征信机构不对任何企业发表任何主观评价。

（3）中立第三方原则。恪守"客观、公正、中立第三方"国际征信准则，从信息采集、见证、核实、录入、计算到评判结果，全过程不受外界干预。征信结果，接受全社会监督。

第二节　我国的征信机构

我国征信机构分为三个层次。

第一层：公共信用数据库和若干个专业信用数据库，以中国人民银行征信中心管理的企业和个人征信系统数据库为代表。

第二层：特定经济信用信息的政府职能部门、投资金融机构、经济鉴证类中介机构，以工商、税务、海关等政府职能部门的信息管理系统为代表。

第三层：经过中国人民银行认证的专业征信机构，对信用信息进行收集、调查、加工并提供信用产品。这些专业征信机构既包括有政府背景的地方性征信机构，也包括国内民营征信机构及在我国设立办事机构的外资征信机构。

一、"信用中国"平台

"信用中国"是由国家发展改革委、中国人民银行指导，国家信息中心主办，百度公司提供技术支持和运维，是政府褒扬诚信、惩戒失信的平台。当前，已形成了中央、省（市）、县、乡、村五级信用平台。

2015年6月1日，"信用中国"网站正式上线运行，网站的开通推动了各省级信用门户网站互联互通，归集发布各地区、各部门可向社会公开的信用信息具有重要意义。网站向社会公众提供"一站式"的查询服务，日益成为社会信用体系建设领域沟通社情民意、推进信用信息公开的"总窗口"。下一步将推进"信用中国"网站改版升级，进一步强化网站信用信息共享服务功能。

2017年10月15日，"信用中国"网站2.0版正式上线运行，对原网站的页面进行了重新设计、结构进行了调整优化，更便于社会公众"一站式"查询信用信息，"全方位"了解信用建设进展，见图3-7。根据《关于进一步完善"信用中国"网站及地方信用门户网站行政处罚信息信用修复机制的通知》要求，2019年7月"信用中国"网站及地方信用门户网站启动行政处罚信息信用修复相关工作。

网站的建设采取政府与社会力量合作的创新模式，充分利用大数据、云计算、搜索引擎等技术，面向全社会开放信用信息查询功能，打造信用信息的"一站式"查询平台，至2020年年底"信用中国"网站已归集来自各部委及地方的数据超过2亿条。

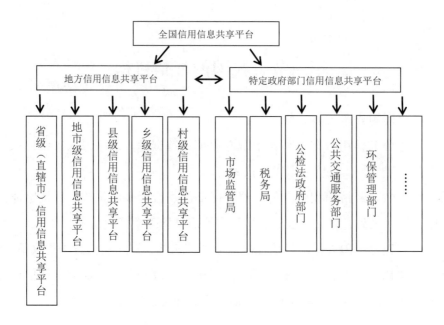

图 3-7 "信用中国"平台体系

二、中国人民银行征信中心

1992 年，中国人民银行深圳分行推出贷款证制度，1997—2002 年建成银行信贷登记咨询系统（企业征信系统前身）。

中国人民银行实施贷款证制度，实际上是征信活动的始点，此后全国集中统一的企业和个人征信系统逐步完善。2004—2006 年建成征信系统并实现全国联网。

中国人民银行征信中心接入了所有商业银行、保险公司、信托公司、财务公司、租赁公司、资产管理公司和部分小额贷款公司等以货币借贷为主的数据信息。

从 2005 年开始纳入工商、环保、质检、税务、法院等公共信息，共采集了 16 个部门的 17 类非银行信息，包括行政处罚与奖励信息、公积金缴存信息、社保缴存和发放信息、法院判决和执行信息、缴税和欠税信息、环保处罚信息、企业资质信息等。

2006 年，经中编办批准，中国人民银行设立中国人民银行征信中心，作为直属事业单位专门负责征信系统的建设、运行和维护。2013 年 3 月 15 日施行的《征信业管理条例》，明确了征信系统是由国家设立的金融信用信息基础数据库的定位。

中国人民银行的征信系统已经建设成为世界规模最大，收录人数最多，收集信贷信息最全，覆盖范围和使用最广的信用信息基础数据库，基本上为国内每一个有信用活动的企业和个人建立了信用档案。征信系统收集的信息以银行信贷信息为核心，还包括企业和个人基本信息以及反映其信用状况的非金融负债信息、法院信息和政府部门公共信息等；既有正面信息，也有负面信息。

数据库接入了 3500 多家银行和其他金融机构的信用信息数据，9.9 亿自然人的信用信息，还有 2600 多万户的企业和其他法人组织的信用信息。目前，日均查询 555 万人次个人信用报告，30 万次的企业信用报告。

征信系统数据实现信贷信息次日更新，信用报告查询秒级响应。中国人民银行分支机构 2100 多个信用报告现场查询点基本覆盖到全国基层县市，征信系统 30 多万个信息查询端口遍布全国各地的金融机构网点，信用信息服务网络覆盖全国。每年两次向社会公众提供免费查询信用报告服务。

目前提供的征信产品与服务有：以信用报告为核心的多元化征信产品服务；多种信用报告查询渠道；信息主体权益保护等。

中国人民银行征信中心是通过信用信息共享，缓解经济交易中的信息不对称难题，改善营商环境，警示信用风险，降低社会经济发展的成本。

案例 1：中国人民银行征信中心收费情况

征信信息（征信数据）主要来自工商、海关、法院、公安、统计、质监、财政、商检、税务、外经贸、邮政、环保、银行等政府和业务主管部门。

最早，中国人民银行征信中心基于金融信用信息基础数据库的数据，仅向全国商业银行提供征信服务，是免费的，其运行主要依靠人民银行拨付的有限的电子化项目资金和外部借款。但是，这样的方式无法持续，中国人民银行征信中心从 2010 年 10 月 1 日起，开始实行服务收费。

2013 年 3 月 15 日开始施行的中国征信业首部法规《征信业管理条例》对这项收费予以确认，规定金融信用信息基础数据库运行机构可以按照"补偿成本原则"收取查询服务费用。

案例 2：百行征信的快速发展

2018 年 3 月 19 日百行征信有限公司在深圳注册成立，注册资本 10 亿元。由市场自律组织——中国互联网金融协会与芝麻信用、腾讯征信、前海征信、考拉征信、鹏元征信、中诚信征信、中智诚征信、华道征信等 8 家市场机构按照共商、共建、共享、共赢原则共同发起组建。

目前是我国唯一一家拥有个人征信与企业征信双业务资质（个人征信、企业征信）的市场化征信公司。

百行征信有限公司主要从事征信、信用评估、信用评级、数据库管理等业务，是一家从事个人征信、企业征信及相关产业链开发的信用信息产品与服务供应商。

2020年百行征信签约接入了2000多家金融机构，服务全国千余家金融企业，并不断打通服务渠道，服务触角从B端（机构端），逐步延伸到C端（个人端）、G端（政府端）、S端（社会端），形成全面的客户服务生态。

当前，百行征信与中国人民银行征信中心一起，实现了与商业银行、城市银行、农村信用社等不同级别金融机构的联网，覆盖了全国90%以上的个人消费、贷款信用记录。为金融机构提供个人和企业的征信报告，简化了贷款业务的办理程序，能够在有效防范和管理信用风险的同时服务于货币政策和金融监管。生成信用评估报告，为企业和个人提供征信服务。

作为市场化的征信机构，"百行征信"在创新能力、竞争能力等方面快速提升，有力地扩大了征信市场规模，助推金融基础设施的高质量发展。

三、市场化征信机构

市场化征信机构是指经过中国人民银行认证的（备案），作为提供信用信息服务的企业，按一定规则合法采集企业、个人的信用信息，加工整理形成企业、个人的信用报告等征信产品，有偿提供给经济活动中的贷款方、赊销方、招标方、出租方、保险方等有合法需求的信息使用者，为其了解交易对方的信用状况提供便利。企业征信服务产品包括标准征信报告、深度征信报告、专项征信报告及其他征信报告。

目前，中国人民银行对企业征信机构实施动态管理。一方面对符合条件的机构实施备案，另一方面对备案后六个月未实施开展业务的机构实施注销管理。

中国人民银行官网显示，截至2020年年底，全国共有23个省（市）的131家企业征信机构在人民银行分支行完成备案。其中，北京注册公司最多，有34家，其次是上海26家，广东10家，3个区域合计占比53.4%。

征信机构是征信市场的支柱，是信用交易双方之外的第三方机构，拥有一定规模的信用信息数据库。

当前国内的征信机构均有互联网背景，通过多年业务积累的客户数据建立信用信息数据库，并利用大数据技术挖掘更广泛的网络行为数据，研发先进的评估模型和算法，建立创新的征信应用模式，由于其业务范围不尽相同，各家机构具有各自独特的数据来源和业务优势。

"BAT"互联网金融领域广泛布局，依托强大的流量和技术优势，不断推陈出新，提供新形态的金融产品和服务。它们积累的数据各具特色，如阿里的电商消费数据、腾讯的社交数据、百度的搜索数据，三家互联网巨头海量的交易数据成为进入征信领域的最大优势。

四、外围信息机构

在我国，除了在中国人民银行备案的合法征信机构，还有生存于法律灰色地带的大量的外围征信机构。据统计，2020年我国与"征信服务"相关的公司有2000多家，其中完成备案的企业征信机构只有131家。从法律意义上，其涉及征信的活动是不合规的，但其提供的信用信息确实为市场交易双方完成授信业务提供了有价值的参考。

第三节　我国的征信法治建设与征信业发展趋势

一、我国的征信法治建设

征信法律涵盖的对象包括征信机构、信息提供者、信息使用者、征信管理部门以及信息主体，其中征信机构、信息提供者和信息使用者是征信法律约束对象，信息主体是征信法律的保护对象，征信管理部门是征信法律的执行者。

我国的征信管理自中国人民银行信贷数据库开始，通过长期的制度建设，以征信法规为核心的信用管理法律法规建设日趋完善。各级信用管理部门通过立法的手段对征信信息基础数据库、信用评级、征信机构、征信行业、个人征信业务等方面进行规范化建设。央行层面主要包括中国人民银行发布的相关规章、制度与标准。

为贯彻落实《征信业管理条例》，自2013年起，征信中心根据相关法律法规共建立78项制度，形成较为规范完整的制度体系。严格规范信贷业务机构的接入和报送行为，保障信息采集过程中的数据安全和数据质量。除此之外，工业和信息化部、最高人民法院等部门都在近几年发布了相关规定来规范我国征信管理。

二、我国征信业发展趋势

（一）征信行业集中度迅速提高

我国征信行业仍然处于初级阶段。征信机构间业务同质化严重，且竞争激烈，征信机构总体实力偏弱，持续的盈利模式尚未形成，普遍实现盈利困难。部分机构依靠外部投资致力开辟用户、占领市场，大量机构仍处于亏损阶段。

一些机构由于业务亏损退出征信领域（仅 2018 年，全国就有十余家企业征信机构主动申请注销备案），推动行业业务向少数企业集中。今后，征信机构的国有化成为总体方向。

（二）互联网金融企业成为征信数据的重要供给方

中国互联网络信息中心（CNNIC）发布第 52 次《中国互联网络发展状况统计报告》，该报告显示，截至 2023 年 6 月，我国网民规模达 10.79 亿人，较 2022 年 12 月增长 1109 万人，互联网普及率达 76.4%；在网络基础资源方面，我国域名总数为 3024 万个；IPv6 活跃用户数达 7.67 亿；互联网宽带接入端口数量达 11.1 亿个；光缆线路总长度达 6196 万公里。

随着我国移动互联和移动支付渗透率的不断提高，网民在互联网上留下的数据踪迹呈指数级增长，这些数据不仅包括了根本的实名制用户信息，更重要的是表达了用户的消费历史、社交行为、生活开支甚至是理财偏好。互联网巨头拥有数据先发优势，即使在央行征信及传统金融业务数据不对互联网公司开放的环境中，其丰富的社交、线上消费及转账行为数据也能够在风控和征信中独立发挥作用。

（三）征信产品设计纵深化

征信产品虽然创新不断，但信息挖掘深度不足，行业中的征信产品以信息的简单罗列呈现为主。

随着大数据征信技术的不断发展，征信产品将从信息的一次挖掘向二次挖掘发展。所谓一次挖掘产品就是利用各种方法、手段收集信息，并将收集到的信息汇总分类，以某种形式将信息简单罗列呈现。二次挖掘产品则是在一次挖掘的信息基础之上，将收集到的数据与征信专业知识相结合，围绕风险的识别与量化，对数据进行二次挖掘、深度挖掘，从而深化征信产品与服务，提高征信产品的专业性。例如利用企业工商信息，建立企业关联网络，当网络上某一企业出现负面信息时，能够迅速识别风险并预警其他企业，并根据风险情况量化预警等级。

征信产品还须在产品体验上持续深化。征信产品呈现的形式、获取的方式、客户的反馈将会愈加重要。

如何基于同一性数据信息进行更有深度的、专业的挖掘与分析，提高产品体验将是2018年征信产品的深化方向。如替代数据在征信中也得到更多的应用（替代数据一般指除信用卡、车贷、房贷等传统信贷数据以外的数据，包括电话费、公共事业账单和地址变化记录等内容），成为传统征信数据的有效补充。

（四）行业监管力度继续加大

2013年，国务院出台的《征信业管理条例》对整个征信行业做出了纲领性的规定，明确了监管部门、监管模式、参与者权利与义务等诸多内容。此后的《征信机构管理办法》《企业征信机构备案管理办法》等征信业管理文件都是对该条例的细化。随着监管政策的不断出台，监管架构大致完整。2018年之后，全国性行业监管政策出台的频率将有所放缓，监管政策加速落地，各地方政府监管部门进一步细化补充管理办法，征信执法力度继续加大。

（五）企业征信与个人征信的发展逐渐同步

我国的企业征信起步较早，市场化程度高，征信产品比较成熟。个人征信起步晚，由于国内居民个人财富积累少，个人借贷难，又涉及个人隐私等问题，一直以来发展缓慢。

2018年，由中国互联网金融协会牵头组建了百行征信有限公司，获得个人征信业务牌照，直到2020年12月，朴道征信才成为第二家拿到牌照的个人征信机构。当前，个人征信信息逐渐成为我国金融行业健康、发展的基础构成。环保部门、质量检测部门、人力资源和社会保障部门等部分公共事业信息等成为个人征信档案的数据的重要来源。这些数据对于加大我国个人征信档案的建设力度，提高我国个人征信档案的公信力，具有深远的影响。

第四节　我国征信行业面临问题

目前，国内覆盖全社会的征信系统基本形成，征信行业基本建立了完整的体系，但是在各个环节还存在着不同的问题。例如，采集环节有获取方式不当、数据孤岛等问题，使用环节具有滥用数据等现象。这些现象导致中国征信产业发展缓慢，一直达不到欧美等国家征信模式成熟、产业链完整的高度。

与市场经济发展水平相比，我国征信行业发展相对滞后，主要表现为征信对象规模大，征信机构业务单一、行业规模较小，市场基础薄弱，征信的业务模式、法律法规、监管体系均不完善。

一、征信体系面临问题

（一）征信体系有跛行特征

在征信领域，从宏观到微观，在不同程度上均表现出跛行特征，主要集中在六个方面：一是官方征信覆盖与征信市场规模发展不平衡，；二是企业征信与个人征信业务发展水平不平衡；三是征信市场供求不平衡，数据来源与征信产品用途不平衡，数据采集源较多、效率低、产品开发不足，数据应用面窄，使用频率低；四是征信地域发展不平衡，东部与南部地区征信机构集中、征信水平较高，北部与西部地区则非常落后；五是体系发展与市场发展不平衡（先有体系后有市场）；六是商业征信与金融征信发展不平衡，金融征信发达，业务量大；商业贸易征信发展落后、业务量小。

总体上看，一方面政府主导的征信体系发展快速、水平较高；行协征信体系下的征信体系处于起步阶段，与我国的经济、文化发展水平不相称；另一方面与我国金融交易规模相比，企业征信活动不规范、征信市场规模极小且征信孤岛难解，严重落后于征信的市场需求。

造成我国征信业跛行现状的主要原因有两个：一是征信属于特殊行业；二是运营机制创始于计划经济时代。

我国的征信活动起源于跨国商贸活动，产生于计划经济背景之下，早期的征信业务目标单一，服务领域窄，发展速度有待提高。主要体现在以下几个方面：一是在法律、法规不完善；二是征信活动层级低，盈利手段弱，征信机构业务创新性不足，征信的个性化服务严重滞后；三是征信市场发育不成熟，产业链条的上下游没有得到同水平的发展；四是信用管理和征信管理权责交叉，监管机制需要理顺。

案例：区块链征信解决国内征信业跛行问题

资料1：从征信市场结构来看，商业性信用交易支付结算记录（例如，企业与企业之间的信用销售、企业与个人之间的赊销、供应商与代理商的信用结算等），在征信市场中占据比重大，也是市场经济商业贸易活动中不可或缺的产品与服务。这个巨大的需求是潜在的，但商业征信的供给还没有形成，这也是国内征信业跛行现状之一，其形成原因是多方面的。

坚持倡导和推进信用自律、信用管理、信用教育和社会信用服务，不断改善社会信用环境、法律体系、社会管理，人们的信用意识才能不断增强，商业征信才会不断发展壮大，未来，一定会出现全国性的商业征信中心。

资料2：在以政府为主导的征信体系中，发展市场化征信数据管理长效机制是解决国内征信业跛行问题的根本办法。未来国内征信体系发展的愿景如下。

（1）调整政府主导征信业务现状，形成政府引导、市场主导的征信体系，完善的市场机制发挥重要作用。

（2）在市场机制作用下，形成完善的信用产业链，征信数据的采集、加工、应用、修复得到系统优化，征信业内部业务分工合理、在交易制度框架下实现信息共享。

（3）多种投资主体投资建设几家全国性商业征信中心，使其成为商业信用交易支付记录基础数据寡头供应商，大数据技术得到充分利用。

（4）足够的征信市场交易活动，支撑行业发展。区块链业务得到开发和应用，征信机构业务能够满足征信的个性化需求、多样化需求。

（5）跛行问题得到解决，商业征信市场比重增大，建设成为完善的信用服务市场监管体制。

（6）社会企业或个人每项活动（包含商务活动、社会活动）均有产生征信信息的渠道，达到"一切数据皆信用"状态。

（二）对征信业务市场化的争议

当前，国内对征信业务的市场化与否存在争议。一类观点认为，征信活动需要的信息广泛而复杂，多数涉及企业的商业机密或个人隐私，所以需要信息保护，应归于社会的公共服务，是政府职责所在，责无旁贷，不能任由市场机构经营，杜绝征信服务"公司化""有偿化""市场化"；一类观点认为，征信业务需要市场化，只有市场化才能更好地解决信息不对称问题，促进征信业发展。

市场化征信模式需要法律、社会环境、文化与意识、行为约束、社会管理、信用交易、信用产品与服务需求等多种条件。从目前情况看，我国采取了渐进式的市场化办法，在探索中改进，征信中介机构、征信活动、产品与服务、征信管理等相关的基本法律问题逐渐完善，征信活动越来越规范。

二、征信机构面临问题

（一）征信产品附加值低

我国征信机构的业务单一，征信业务集中于产业链低端。征信产品与服务的业务收入难以支撑征信机构的正常开支与经营运转。

当前，国内征信机构的数据源较广泛，但数据处理技术，尤其是数据模型等还不成熟，民间征信还面临产品落地场景不清晰问题。目前国内推出 App 的征信机构不多，只有少数机构有超过百万的活跃用户。征信产品的附加值过低，信用产品商业价值未能充分体现，如 2015 年北京地区有 40 家企业征信机构，在总体上看没有净利润。

案例：征信机构业务单一导致盈利能力弱

2016 年，中国人民银行征信管理处在《北京地区企业征信机构监管存在的问题及建议》中指出，北京地区有 40 家企业征信机构，其中，有 7 家尚未实现业务收入，而 40 家机构净利润总共为 −2558.17 万元，总和为负。

因为征信公司提供的价值有限，一些没有核心竞争力的公司，开始采取一些违规的方式来变现。个别征信机构夸大宣传，在异地大量发展代理业务，实质为了收取代理费，不惜损害相关主体权益。同年，中国人民银行严查征信机构违规"线下代理"活动，要求各家征信机构如实上报自己线下代理情况，尤其是代理机构业务风险情况。征信机构因业务单一导致盈利能力弱是一个需要重视的问题。

（二）征信业务同质化

从目前情况看，超越传统信贷征信模式，整合企业金融、支付、财务、贸易、法院、税务等信息，提供信用调查、信用评估乃至营销策略等多样化服务，是企业征信机构发展的必然趋势。

企业征信产品的同质化程度过高。主要表现为：一是征信产品形同企业工商司法数据的简单罗列——多数机构从最容易获得的企业数据（如工商司法）入手加工征信产品，但未加深对企业业务的理解，成为普通的工商司法数据报告；二是对于某一征信机构来说，其征信产品内容单一，原因在于每个企业都有自己擅长的领域，而综合性不够。目前，征信机构主要产品业务有以下几个特点。

（1）基于电商交易数据、互联网金融数据提供信用评分。

（2）依据支付、社交、消费等数据，提供反欺诈产品、信用评级产品。

（3）依靠金融数据，提供数据类、云系统和功能插件方面的信用产品。

（4）个人信用综合评分、信用卡风险评分、申请欺诈评分等服务。

（5）依据便利店拉卡拉 POS 机的刷卡额，提供信用评级。

（6）基于为银行提供个人信用评分实践，结合互联网大数据提供个人信用评级。

（7）依据偿还历史、欠款额及信用账户数、信用使用年限等提供反欺诈征信服务。

（8）依据信贷、公安司法、运营商等数据提供信用产品。

知识拓展：国内信用评分模型认可度有待提升

目前在中国，征信机构尤其是个人征信的商业价值还未充分开发。

例如，尽管百融金服、同盾等的数据日调取量已达到约百万级别，但只能向客户收取较低的数据调取费，而其他与大型银行合作创建信用评估模型的项目，并不能成功转化为收益，其主要原因在于国内信用评分模型认可度低。

征信的实质是评价信誉的工具。它通过对法人、非法人等企事业单位或自然人的历史信誉记录，和构成其资质、品质的各要素、状态、行动等综合信息进行测算、分析、研究，借以判断其当前信誉状态，判断其是不是具有实行信誉责任能力所进行的评价估算活动。

2016 年年初，芝麻信用分进行公测，成为中国首个个人信用评分体系。利用阿里巴巴强大的云计算、大数据技术优势，深入挖掘用户的行为轨迹信息，全方位多角度地描述人物画像，从而判断其信用状况，芝麻信用目前采用了与美国费埃哲评分（FICO）相似的评分模式，并通过不断创新，让用户能够利用自己良好的信用记录获取小额借贷、无押金租车、住酒店等多种服务，提升了用户对信用的重视程度。

（三）数据共享难

征信机构需要整合信用主体的全方位信用信息，才能构成一个完整信息拼图。我国中国人民银行征信系统主要是金融信贷信用信息，而大量其他信用信息掌握在大的金融机构、互联网机构或国有企业手中，普遍存在"不愿、不敢、不能"共享的问题，导致海量数据散落在众多机构的信息系统中形成一个个"数据烟囱"。

一是不愿共享。多数机构都将数据作为战略性资源，认为拥有数据就拥有客户资源和市场竞争力，主观上不愿意共享数据，在数据资源共享的观念上比较保守。

二是不敢共享。征信数据具有一定敏感性，涉及用户个人隐私、商业秘密甚至国家安全，数据共享可能存在法律风险，客观上给机构间共享数据带来障碍。目前的法律法规还不够健全，数据使用的合规性存在灰色地带。

三是不能共享。由于各机构规模和所处发展阶段不同，数据接口不统一，不同机构的数据难以互联互通，严重阻碍了数据开放共享，导致数据资产相互割裂、自成体系。数据共享存在技术上的障碍。

（四）信息安全问题

在隐私政策透明度的测评中，国内金融科技平台隐私政策透明度的分布都是陡峭的金字塔形，即透明度高的极少，透明度低超过总数的80%，互联网金融类和购物类的占比甚至高于90%。互联网巨头不断并购和布局上下游周边业务，势必涉及与第三方或者关联公司进行数据共享，势必带来用户数据共享安全问题。[1]

严厉打击假借"征信"之名进行的非法信息采集活动，要明确互联网金融征信的数据采集方式、范围和使用原则，建立互联网金融企业信息采集、使用授权和个人不良信息告知制度；同时，要大力推进身份认证、网站认证、电子签名及数字证书等安全认证，落实信息安全等级保护制度，完善内控制度，防止内外勾结导致信息数据泄露。

---

[1] 《2017个人信息保护年度报告》，南都个人信息保护研究中心发布。

第四章　征信产品与服务

征信产品与服务知识结构如图 4-1 所示。

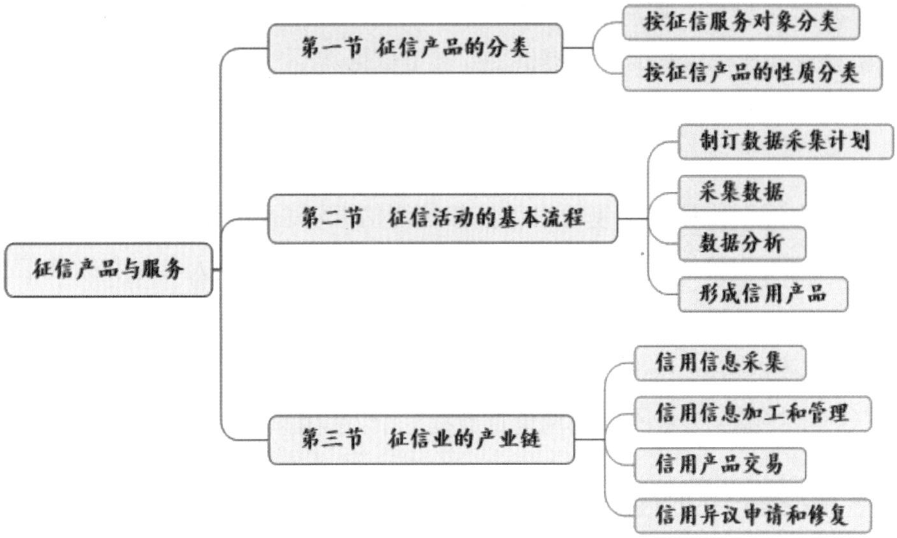

图 4-1 征信产品与服务知识结构导图

第一节 征信产品的分类

征信行业属于服务业，征信产品是金融服务产品，是金融服务的一个特殊领域。

征信业属于提供信用信息服务的行业，衍生出的征信产品种类较多、服务对象广泛。

一、按征信服务对象分类

（一）企业征信产品

企业征信也称商业征信，是指企业征信机构按一定规则合法采集社会各方面能反映企业信用的信息、加工整理形成企业征信数据库、开发企业信用报告等服务的征信产品、为经济活动中有合法需求的信息使用者有偿提供信息服务等活动。

企业征信产品主要有企业信用信息数据、企业信用评级、企业征信报告等。

（二）个人征信产品

个人征信是指个人信用征信机构对个人信用信息进行采集和加工，并根据用户要求提供个人信用信息查询和评估服务的活动。从事个人征信的企业为独立运营的第三方征信管理机构，通过加工整理个人在金融领域的信贷和消费信息，为金融机构开展信贷业务和授信额度审批提供重要参考依据。

个人征信信息一般有三个组成部分：第一部分是个人基本信息；第二部分是信贷信息；第三部分是非银行信息。个人基本信息包括个人身份、配偶身份、居住信息、职业信息等。信贷信息包括银行信贷信用信息汇总、贷记卡信息汇总、贷款信息汇总、为他人贷款担保信息汇总等；非银行信息主要有个人参保和缴费信息、住房公积金信息、养路费、电信用户缴费等。另外，一些客户个人声明也被纳入系统信息中，成为影响个人在银行借贷的重要信息。

个人征信产品主要有个人信用信息数据、个人信用评分、个人征信报告等。

二、按征信产品的性质分类

根据征信产品的性质，可以划分为信用信息数据、信用评级（企业）、信用评分（个人）、信用报告、衍生征信产品等。

（一）信用信息数据

信用信息数据是通过查证、收集、整理、计算等得出的有用信息，包括数字、文字、图像、音频、视频等多种形式，可用于风险判断、授信依据、行业研究、产品设计、决策验证等。

数据收集与查询服务是征信机构的基础业务。随着互联网及大数据技术的发展，征信机构可以及时、便利地获取海量、多样、多维度的信用主体信息，为数据查询服务打下坚实的基础。因此，依靠数据源完整度高、时效性强、覆盖人群面广，征信机构才能提供完善的查询服务。

网络征信包含的数据繁多，主要涉及传统中国人民银行以金融业务为核心的征信数据，企业自留的经营数据、身份数据、社交数据、消费/财务数据，各类经济主体的日常活动数据，特定场景下的行为数据等。

传统征信体系的征信结果由于体制和技术等原因使用多限于传统金融行业，而互联网金融平台的大数据征信更多地用于银行业之外。

传统征信数据与网络征信数据的使用场景如图 4-2 所示。

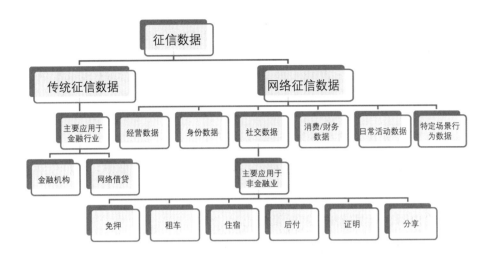

图 4-2 传统征信数据与网络征信数据的使用场景

案例：中国人民银行征信系统的信息采集结构

中国人民银行企业征信系统采集的企业信贷信息主要有 5 大类：一是信贷交易合同信息；二是企业负债信息；三是企业还款记录；四是信贷资产质量分类；五是其他反映信贷交易特性的数据项。

企业征信系统采集的反映信用状况的其他信息已达 12 类。

个人征信系统采集 8 类公共信息。个人信贷信息主要包括 5 类：一是贷款信息，指贷款发放及还款情况等；二是信用卡信息，指信用卡的发卡和还款信息；三是担保信息，体现个人为其他主体的担保情况；四是特殊交易信息；五是特别记录信息。

反映个人信贷状况的其他信息主要有 3 类：一是履行相关义务的信息，包括社会保险参保缴费信息、住房公积金缴存信息、车辆抵押交易信息等；二是后付费的非金融负债信息，主要有电信等公用事业缴费信息；三是公共部门的相关信息，包括获得资质信息、行政许可信息、行政处罚信息、获得奖励信息、执业资格信息、法院判决和执行信息、欠税信息、低保救助信息、上市公司监管信息等。

信贷信息采集需要经过数据报送、校验加载、反馈三个环节。

（二）信用评分

信用评分，是信用评估机构通过对客户信息进行量化计算，得出信用分值，综合反映客户的信用状况。

1. 信用评分的分类

针对不同的应用，信用评分分为风险评分、收入评分、响应度评分、客户流失（忠诚度）评分、催收评分、信用卡发卡审核评分、房屋按揭贷款发放审核评分、信用额度核定评分等。

2. 常见信用评分模型的构建方法

利用数据挖掘技术构建信用评分模型一般可以分为 10 个步骤，它们分别是商业目标确定、数据源识别、数据收集、数据筛选、数据质量审核检测、数据转换、数据挖掘、结论说明、模型应用、检验及修正。

（1）商业目标确定。明确数据挖掘目的或目标是成功完成任何数据挖掘项目的关键。例如，确定项目目的是构建个人住房贷款的信用评分模型。

（2）数据源识别。在给定数据挖掘商业目标的情况下，下一个步骤是寻找可以解决和回答商业问题的数据。构建信用评分模型需要大量关于客户的信息，可能是业务数据，可能是数据库 / 数据仓库中存储的数据，也可能是外部数据。

（3）数据收集。如果银行内部不能满足构建模型所需的数据，就需要从外部收集，一般从专门收集人口统计数据、消费者信用历史数据、地理变量、商业特征和人口普查数据的企业购买。

（4）数据筛选。在实际项目中，受到计算处理能力和项目期限的限制，难以对所有数据同时进行处理。因此，数据筛选是必不可少的。数据筛选考虑的因素包括数据样本的大小和质量。

（5）数据质量审核检测。数据被筛选出来之后，通过数据质量检测和数据整合来进一步提高筛选出来数据的质量。如果数据质量太低，就需要重新进行数据筛选。

（6）数据转换。在选择并检测挖掘需要的数据、格式或变量后，在许多情况下数据转换非常必要。数据挖掘项目中的特殊转换方法取决于数据挖掘类型和数据挖掘工具。一旦数据转换完成，即可开始挖掘工作。

（7）数据挖掘。挖掘数据是所有数据挖掘项目中最核心的部分。在时间或其他相关条件（如软件等）允许的情况下，最好能够尝试多种不同的挖掘技巧。因为使用越多的数据挖掘技巧，可能就会解决越多的商业问题。而且使用多种不同的挖掘技巧可以对挖掘结果的质量进行检测。例如：在构建信用评分模型时，可以通过决策树、神经分类和逻辑回归等三种方法来实现分类，每一种方法都可能产生不同的结果。如果多个不同方法生成的结果都相近或相同，那么挖掘结果是很稳定、可用度非常高的。如果得到的结果不同，在使用结果制定决策前必须查证问题所在。

（8）结论说明。数据挖掘之后，应该根据零售贷款业务情况、数据挖掘目标和商业目的来评估和解释挖掘的结果。

（9）模型应用。经过归纳、提炼后的数据模型应用于实践，把建模成果即信用评分模型转化为商业利润。

（10）检验及修正。通过数据挖掘技术构建的信用评分模型，有助于银行决策层了解整体风险分布情况，为风险管理提供基础。当然，其最直接的应用就是将信用评分模型反馈到银行的业务操作系统，指导零售信贷业务操作。

3. 影响评分数高低的主要因素

（1）毁誉记录。

（2）是否在过去 12 个月中开设过多的账户。

（3）信用历史长短。

（4）饱和使用自己的信用额度。

（5）关于拖欠税款、法院诉讼判决、个人破产的公共记录。

（6）最近是否有透支使用信用卡的行为。

（7）是否有过于频繁的贷款咨询。

（8）是否持有过少或过多的周转账户。

案例：芝麻信用评分

芝麻信用评分，简称芝麻分，是在用户授权的情况下，依据用户的金融借贷、转账支付、投资、购物、出行、住宿、生活、公益等各维度数据，运用云计算及机器学习等技术，对各维度数据进行综合处理和评估，在用户信用历史、行为偏好、履约能力、身份特质、人脉关系五个维度客观呈现个人信用状况的综合评分。分值范围 350 ~ 950。持续的数据跟踪表明，芝麻分越高代表信用水平越高，在金融借贷、生活服务等场景中都表现出了越低的违约概率，较高的芝麻分可以帮助个人获得更高效、更优质的服务。

芝麻信用评分的构成：

（1）信用历史。过往信用账户还款记录及信用账户历史。

（2）行为偏好。在购物、缴费、转账、理财等活动中的偏好及稳定性。

（3）履约能力。稳定的经济来源和个人资产。

（4）身份特质。在使用相关服务过程中留下的足够丰富和可靠的个人基本信息。

（5）人脉关系。好友的身份特征以及和好友互动程度。

芝麻信用不采集用户聊天、短信、通话等个人信息，也不采集、追踪用户在社交媒体上的言论。即便经过用户授权，也只采集必要的、有效的、与经济信用评价相关的各维度数据。除法律法规另有规定的情形外，用户信息的收集、整理、加工、输出，无论是芝麻信用，还是第三方合作机构，都要获得用户的授权。没有用户的授权，无论是芝麻信用，还是各合作伙伴，都不能调用用户的数据。

所有数据都通过科学的评分模型运营计算，没有人工的接触。系统还会通过运算规则自动将敏感数据进行脱敏处理。

（三）征信报告

征信报告是征信机构在用户历史信用信息整合的基础上，出具的记载个人信用信息记录，用于查询个人或企业的社会信用。

信用报告对数据处理的分析画像能力要求较高，需要先进的评级技术及更宽泛的数据源，主要由一定资质的征信机构和大型互联网征信机构提供。目前，市场上提供信用报告（信用评级）的机构主要有中诚信、鹏元等知名信用评级公司，芝麻信用、腾讯信用等互联网平台，以及部分新兴大数据征信公司。以上三类机构的征信报告各具特色。

（四）信用报告的查询与收费

企业/个人征信报告的查询有两种方式：一种是自身查询（线上或线下均可）；另一种是委托第三方机构查询。

企业征信查询的具体内容包括以下几个方面。

（1）企业的工商注册、变更基本信息。

（2）企业信贷、质押担保、贸易融资等信息。

（3）司法判决、执行信息；税务处罚、表彰信息。

（4）环保处罚、表彰信息；质监处罚、表彰信息。

（5）食药监局处罚、表彰信息；人员社会处罚、表彰信息。

（6）电信、水电、燃气等公共事业处罚、表彰信息。

（7）交通处罚、表彰信息。

（8）住建处罚、表彰信息；海关处罚、表彰信息。

（9）安全处罚、表彰信息等。

个人征信查询的具体内容包括以下 3 类：一是个人基本信息（如姓名、性别、身份证号、家庭住址、出生日期、工作单位、联系电话等）；二是信用交易信息，主要包括信用卡信息（如办卡时间、银行、还款状况等）、贷款信息（如按揭买房、买车的时间、贷款余额、还款情况等）、为他人担保的信息等；三是其他信息（如个人公积金、养老金信息等）。

（五）查询收费

2019 年 8 月，国家发展改革委发布的《关于进一步降低中国人民银行征信中心服务收费标准的通知》中对查征信的部分收费标准进行了调整。

该通知要求商业银行等机构查询企业信用报告基准服务费标准由每份 40 元降低至 20 元，查询个人信用报告基准服务费标准由每份 4 元降低至 2 元。农村商业银行、农村合作银行、农村信用社、村镇银行、小额贷款公司、消费金融公司、融资租赁公司、融资性担保公司、民营银行、独立法人直销银行等 10 类金融机构查询企业和个人信用报告实行优惠收费标准。上述享受优惠政策的机构查询企业信用报告收费标准由每份 15 元降低至 10 元，查询个人信用报告收费标准维持在每份 1 元。

上述各类机构中，同一用户 30 天内多次查询同一企业信用报告的，按查询一份企业信用报告计费；1 天内多次查询同一个人信用报告的，按查询一次个人信用报告计费。

个人征信查询，中国人民银行征信中心每年提供 2 次免费服务，自第 3 次起每次收费 10 元，不得另行收取纸张费、打印费等其他费用，个人通过互联网查询自身信用报告免费；第三方机构查询，需要支付费用，同时必须有用户的书面授权。

案例：中国人民银行的个人信用报告样本（2020 年，征信二代产品）

个人征信系统采集 8 类公共信息。个人信贷信息主要包括 5 类：一是贷款信息，指贷款发放及还款情况等；二是信用卡信息，指信用卡的发卡和还款信息；三是担保信息，体现个人为其他主体的担保情况；四是特殊交易信息；五是特别记录信息。

反映信用状况的其他信息主要有 3 类：一是履行相关义务的信息，包括社会保险参保缴费信息、住房公积金缴存信息、车辆抵押交易信息等；二是后付费的非金融负债信息，主要有电信等公用事业缴费信息；三是公共部门的相关信息，包括获得资质信息、行政许可信息、行政处罚信息、获得奖励信息、执业资格信息、法院判决和执行信息、欠税信息、低保救助信息等。

信贷信息采集需要经过数据报送、校验加载、反馈三个环节。

人民银行于 2019 年 5 月正式上线新版征信报告，增加了信息数据维度，进一步规范了数据标准，缩减了信息更新周期，调整了信息内容。比如，对于夫妻双方购房，新版征信中夫妻双方作为共同借款人，均会体现负债信息（旧版只体现一方）。

还有旧版征信更新时间为一个月以上，主要视银行方报送信息的频率而定，新版征信人行要求各机构在采集时点 T+1 天向征信中心报送最新数据；多家银行的汽车分期、车位贷款等以大额信用卡分期为载体，在旧版征信中仅体现为信用卡形式，新版征信将具体呈现这部分的分期时间和金额；旧版征信仅包括银行或其他金融机构的借贷信息，新版征信将新增电信业务、自来水业务缴费信息，还有相关还款责任、欠税、民事判决等信息；新版征信有更加完整的个人信息记录，包括其他证件信息、邮箱、曾使用过的手机号码、更详尽的职业信息等；新版征信报告还款记录延长到 5 年，且有近 5 年内详细的逾期记录和还款记录。

个人用户可以通过遍布全国各地的金融机构网点或利用互联网进行一年两次的免费个人征信报告查询。

（六）信用服务

1. 反欺诈服务

反欺诈是对包含交易诈骗，网络诈骗，电话诈骗，盗卡盗号等欺诈行为进行识别的一项服务。征信机构凭借信息资源优势，为企业或个人提供反欺诈服务。比如，提供身份证实和诈骗探查、支票真伪鉴别、商业欺诈信息、争端信用报告、欺诈受害者信息等服务。

2. 征信教育

征信教育是指围绕征信知识和诚信意识传播开展的一系列宣传、培训和专题讲座等活动。征信教育以金融领域为核心，涵盖经济领域的信用教育，并辐射社会领域的诚信教育。

征信教育的主体是征信业监督管理部门、其他政府部门、征信行业协会、征信机构、金融机构、教育机构、社团组织等。征信教育的对象包括有关政府部门及公务员、企业、学生、社会公众等。征信教育的目的在于促进征信市场发展，提升全社会信用意识和诚信观念，推动社会信用体系建设。

在征信教育活动中要把握普及性、客观性、有效性原则。

征信教育是征信行业发展的需要，是信息主体权益保护的需要，是培养征信人才的需要，是全社会树立诚信意识和传播征信文化的需要。

3. 信用修复

信用修复作为社会发展信用服务体系的关键体制之一，是健全诚信协同鼓励和失信两法衔接（行政执法与刑事司法相衔接）的关键步骤，是搭建以信用为关键的事中事后监管机制的必然要求，是失信行为主体撤除惩罚的制度保障。

进行信用修复有益于促进社会发展信用基本建设规范性、专业化，有益于激起失信行为主体诚信意向，确保失信行为主体合法权利，搭建诚实守信自然环境。

（1）市场监管总局关于信用修复的规定。2021年8月，市场监管总局公布《市场监督管理严重违法失信名单管理办法》《市场监督管理行政处罚信息公示规定》《市场监督管理信用修复管理办法》等3个部门规章和规范性文件，自2021年9月1日起施行。这三条法规目标非常明晰，即加快构建以信用为基础的新型市场监管机制，强化市场主体信用监管，规范市场监督管理部门严重违法失信名单管理，规范市场监督管理部门信用修复管理工作，鼓励违法失信当事人（以下简称当事人）主动纠正违法失信行为、消除不良影响、重塑良好信用，保障当事人合法权益，优化营商环境。

（2）"信用中国"平台关于信用修复的规定。信息主体达到信用修复条件后，可通过以下流程完成信用修复。

第一步，进行信用培训，考试合格后，申请信用培训证明。

第二步，提供修复承诺书、行政相对人证照复印件、已履行行政处罚相关证明材料、信用培训证明、信用修复申请书等相关材料，申请信用修复报告。

第三步，前往信用中国，查找相关行政处罚，将准备的相关材料上传。

参照信用中国《修复指南》，失信行为有一般、严重两档，严重里面又细分了涉及一般失信行为和严重失信行为。如果是一般档，可以通过信用部门或者原行政处罚机关来修复信用。涉及的材料有《信用修复承诺书》《行政相对人主要登记证照复印件加盖公章》《已履行行政处罚相关证明材料复印件、加盖公章》等；如果是涉及严重失信行为的，那修复起来要求就很多了，基本来说要通过信用修复培训、做出信用修复承诺、进行修复评估等一系列要求。

企业申请信用修复须履行政处罚决定，并做出信用修复承诺。一般失信行为申请信用修复的，可向信用网站或行政处罚决定机关提供履行行政处罚材料，做出信用修复承诺，经过核实程序后，在最短公示期期满后撤下相关公示信息；严重失信行为申请信用修复的，除达到上述要求外，还须主动参加信用修复培训，并由信用中国网站自行出具信用报告（免费）或由授权的信用服务机构提交信用报告。

知识拓展："信用中国"网站行政处罚信息信用修复指南

第一章　总则

第一条　为落实《国务院关于印发社会信用体系建设规划纲要（2014—2020年）的通知》（国发〔2014〕21号）、《国务院关于建立完善守信联合激励和失信联合惩戒制度加快推进社会诚信建设的指导意见》（国发〔2016〕33号）和《国家发展改革委办公厅关于进一步完善"信用中国"网站和地方信用门户网站行政处罚信息信用修复机制的通知》（发改办财金〔2019〕527号）等文件精神，弘扬诚信传统美德，增强社会成员诚信意识，完善"信用中国"网站（以下简称"网站"）行政处罚信息信用修复机制，保障失信主体权益，提高全社会信用水平，营造优良信用环境，特制定公布《"信用中国"网站行政处罚信息信用修复指南》（以下简称"指南"）。

第二章　涉及特定严重失信行为的行政处罚信息

第二条　涉及特定严重失信行为的行政处罚信息范围主要包括：一是食品药品、生态环境、工程质量、安全生产、消防安全、强制性产品认证等领域被处以责令停产停业，或吊销许可证、吊销执照的行政处罚信息；二是因贿赂、逃税骗税、恶意逃废债务、恶意拖欠货款或服务费、恶意欠薪、非法集资、合同欺诈、传销、无证照经营、制售假冒伪劣产品和故意侵犯知识产权、出借和借用资质投标、围标串标、虚假广告、侵害消费者或证券期货投资者合法权益、严重破坏网络空间传播秩序、聚众扰乱社会秩序等行为被处以责令停产停业，或吊销许可证、吊销执照的行政处罚信息；三是法律、法规、规章另有规定不可修复的行政处罚信息。

第三条　对涉及特定严重失信行为的行政处罚信息，将按最长公示期限（3年）予以公示，公示期间不予修复。

第三章　涉及一般失信行为的行政处罚信息

第四条　涉及一般失信行为的行政处罚信息主要是指性质较轻、情节轻微、社会危害程度较小的行政处罚信息。

第五条　涉及一般失信行为的行政处罚信息自行政处罚决定之日起，在网站最短公示期限为 3 个月，最长公示期限为一年。法律、法规、规章另有规定的从其规定。

第六条 涉及一般失信行为的行政处罚信息修复流程

1. 行政相对人按照《"信用中国"网站行政处罚信息信用修复流程》申请修复。

2. 行政相对人须向行政处罚归属地信用主管部门提交以下材料：

一是信用修复承诺书原件照片、扫描件，须加盖公章；

二是行政相对人主要登记证照（主要包括工商营业执照、事业单位法人证书、社会团体法人登记证书、民办非企业单位登记证书、基金会法人登记证书等）原件照片、扫描件或加盖公章的复印件；

三是已履行行政处罚相关证明材料（主要包括缴罚款收据等）原件照片、扫描件或加盖公章的复印件；

四是行政处罚决定机关出具的《涉及一般失信行为的行政处罚信息信用修复表》（如有）原件照片、扫描件。

3. 行政相对人完成提交材料，且行政处罚信息已经满足最短公示期要求，经各地市级和省级信用建设牵头部门审核通过后，可由网站撤下公示。

第四章 涉及严重失信行为的行政处罚信息

第七条 涉及严重失信行为的行政处罚信息主要是指违法性质恶劣、情节严重、社会危害程度较大的行政处罚信息。主要包括：一是因严重损害自然人身体健康和生命安全等行为，被处以行政处罚的信息；因严重破坏市场公平竞争秩序和社会正常秩序的行为被处以行政处罚的信息；在司法机关、行政机关做出裁判或者决定后，因有履行能力但拒不履行、逃避执行，且情节严重的行为被处以行政处罚的信息；因拒不履行国防义务，危害国防利益,破坏国防设施的行为被处以行政处罚的信息；二是法律、法规、规章明确规定构成情节严重的行政处罚信息；三是经行政处罚决定部门认定的涉及严重失信行为的行政处罚信息。

第八条 涉及严重失信行为的行政处罚信息自行政处罚决定之日起,在网站最短公示期为 6 个月，最长公示期限为 3 年。法律、法规、规章另有规定的从其规定。

第九条 涉及严重失信行为的行政处罚信息修复流程

1. 行政相对人按照《"信用中国"网站行政处罚信息信用修复流程》申请修复。

2. 行政相对人须向行政处罚归属地信用主管部门提交以下材料：

一是信用修复承诺书原件照片、扫描件，须加盖公章。

二是行政相对人主要登记证照（主要包括工商营业执照、事业单位法人证书、社会团体法人登记证书、民办非企业单位登记证书、基金会法人登记证书等）原件照片、扫描件或加盖公章的复印件。

三是已履行行政处罚相关证明材料（主要包括交罚款收据等）原件照片、扫描件或加盖公章的复印件。

四是主动参加信用修复培训的证明材料（原件照片、扫描件或加盖公章的复印件）。可参加由"信用中国"网站公益性在线培训平台、全国各级政府部门举办的公益性培训班或第三方信用服务机构举办的培训班，并取得培训证明。如何参加信用修复培训班详见"常见问答—八"。

五是由信用网站或综合信用服务机构试点单位和征信机构出具的信用报告（原件照片、扫描件或加盖公章的复印件）。可通过"信用中国"网站及各省级信用门户网站免费下载。公共信用信息概况（信用报告）或由第三方信用服务机构出具信用报告。如何准备信用报告详见"常见问答—九"。

4. 行政相对人完成提交材料，且行政处罚信息已经满足最短公示期要求，经各地市级和省级信用建设牵头部门审核通过后，可由网站撤下公示。

第五章　附则

第十条　行政相对人认为公示的信用信息存在错误、遗漏、超期公示等情况的，可提出异议申诉，经核实后可更正网站公示信息。

第十一条　本指南由信用中国网站负责解释。

第十二条　本指南自 2019 年 7 月 1 日起施行。

4. 衍生服务

（1）大数据风控。主要是通过运用大数据构建模型的方法对个人或企业进行风险控制和风险提示，应用于风险控制、保险定价、欺诈识别、贷款风控、精准营销等金融服务场景。不少征信机构和互联网金融平台都推出了自己的大数据风控系统。比如，算话征信的智能风控服务平台是基于互联网大数据，对各行业数据资源进行深度挖掘整合，全面挖掘数据的跨行业交叉价值，极速响应对接请求，提供个性化定制服务，利用智能风控技术帮助客户实现精准的风险评估。

（2）反欺诈。反欺诈服务是目前征信机构普遍看重的一块业务。市场预估，反欺诈如果作为一个行业，市场规模估计是征信市场的十分之一，市场容量巨大。目前反欺诈主要应用于人脸识别、身份认证、欺诈侦测、多头信贷等领域。我国从事反欺诈服务的征信公司包括芝麻信用、前海征信等本土机构，还有 FICO、Experian 等外资征信机构。

（3）小微企业金融服务。小微企业金融服务是征信应用的一个重要领域。征信机构利用大数据、云计算等技术，多方面、全方位获取小微企业的信用信息；通过大量数据的收集与分析，可对服务对象进行全面细致的画像描摹，提供定制化服务，提升服务的效率；促进企业风险评估专业化，改善小微企业融资问题。目前，在小微金融服务做得比较好的主要是芝麻信用。

芝麻信用的"灵芝"系统包含企业信用报告、风险云图、信用评分和指数、关注名单、风险监控预警五大产品。"灵芝"系统通过接入工商、司法、海关、纳税、运营商、企业经营等丰富的数据源，实现了小微企业征信数据的一站式接入。通过"灵芝"系统，采集是天猫、淘宝、支付宝覆盖近千万商户的交易、物流、海关进出口等数据，转化为对小微企业信用状况细致入微的评价，描绘出小微企业信用状况的全息画像，更好地连接小微企业和银行，解决小微企业信息不透明的问题，促进普惠金融的发展。

（4）小微企业商账管理。小微企业商账管理须具备 5 项基本功能，分别是客户信用档案管理、客户授信、应收账款管理、商账催收和利用征信数据库开拓市场。事前主要对企业面临的商账风险进行信用评估和反欺诈评估，事中主要对企业面临的商账风险进行跟踪提示和信息变更提示，事后进行商账追收、贷后失联修复。涉及商账管理的征信产品主要包括背景关系调查、资产状况调查、债务情况调查、移动设备状态、设备定位、高频地点、出行记录等。

（5）商业决策支持。商业决策支持通过企业自有数据与第三方大数据进行多维度整合，进行市场研究和行业分析，为客户提供定制化管理咨询服务。商业决策支持可通过大数据决策模型帮助企业定位业务方向，进行生产经营决策，具体包括客户分群模型，为商品企划设计决策提供参考；市场定价模型，提供精准化和差异化定价策略；销售预测模型，整合全价值链营销等。

另外，征信行业还衍生出信用管理培训等产品和服务，主要包括企业信用管理培训、行业与协会的信用知识培训、员工全方位信用意识培训和信用管理专题讲座等服务。

案例：大数据成为现代征信业的重要特征

互联网、信息技术的发展及其与经济社会的交会融合，带来了数据的迅猛增长。1980年出版的《第三次浪潮》就曾预言大数据将成"第三次浪潮"。2013年维克托·迈尔·舍恩伯格和肯尼斯·库克耶合著的《大数据时代》引发了全球对大数据的普遍关注，"数据即资源"的大数据时代来临了。随着互联网金融迅猛发展，风险控制与大数据相结合来优化风险管理体系成为新的发展趋势，大数据征信的概念也应运而生。

近年来，大数据征信应用在我国得到快速发展。但在实践中仍有较大争议。

当前对于大数据的概念和界定还比较模糊，因而对于大数据征信的概念也有很多争论，有人甚至认为大数据征信的概念根本不成立。从实践应用来看，国内外一些企业将大量非传统征信数据，如互联网交易数据、公共事业缴费账单、电话使用记录、社交数据、航空旅行记录、日常所在位置、网页浏览记录、使用网络终端的类型和 IP 地址、敲击键盘的习惯、填写表格时使用大小写的习惯等，通过机器学习等先进技术进行大数据挖掘，形成"信用画像"，用于欺诈风险和信用风险的分析与预测。由于大多数数据是人们使用互联网所留下的数据，因而也被广泛称为互联网征信。

许多大数据机构的应用实践也例证，大数据在反欺诈、贷后风险监测与预警、账款催收管理等方面具有良好的应用效果。比如，利用指纹、虹膜、声波、人脸识别等一系列生物识别技术对个人用户注册信息及网络行为的交叉比对和综合分析，对于身份确认和防范身份欺诈达到了良好的效果。

有学者认为，大数据风控发展迅速，但有效性不佳，主要原因是交易数据、社交数据的真实性不足，网络社交等互联网行为与信用表现的相关性不确定。也有学者认为，目前已经应用的大数据信用评估技术只是对特定的人群和特定的服务有效，更宽泛的推广还有待深入地研究。美国的大数据征信公司 Zest-Finance 建立的风险预测模型主要使用的是结构化大数据，对于文本数据、社交网络数据等复杂类型的大数据使用比较少，主要原因是这些数据与信用表现的相关性太弱。

第二节 征信活动的基本流程

征信活动可以分为两类：一类是征信机构主动去调查被征信人的信用状况，另一类是依靠授信机构或其他机构批量报送被征信人的信用状况。两者最大的区别在于前者往往是一种个体活动，通过接受客户的委托，亲自到一线去收集调查客户的信用状况，后者往往是商业银行等授信机构组织起来，将信息定期报给征信机构，从而建立信息共享机制。两者还有一个区别是前者评价的范围更广，把被征信人的资质情况、诚信度考察、资产状况等都包括在内，而后者由于是批量采集信息，因此灵活性和主观性上不如前者，但规律性和客观性则强于前者。但两类方式在征信的基本流程上是相同的，如前一类流程要制订计划，决定采集哪些信息，而后一类流程也同样如此，由征信机构事先确定需要采集的信息后，与信息拥有方协商，达成协议或其他形式的约定，定期向征信机构批量报送数据，因此在讨论流程时，可以将两者合并。

一、制订数据采集计划

为提高效率、节省成本，采集更广泛的反映被征信人信用状况的信息，征信机构应事先制订数据采集计划，做到有的放矢。作为征信基本流程中一个重要的环节，一份好的计划能够有效减轻后面环节的工作负担。

二、采集数据

客户使用征信产品的目的都不尽相同，有的希望了解被征信人短期的信用状况，有的则是作为中长期商业决策的参考。客户的不同需求决定了数据采集重点的迥异。征信机构要本着重点突出、不重不漏的原则，从客户的实际需求出发，进而确定所需采集数据的种类。例如，A银行决定是否对B企业发放一笔短期贷款时，应重点关注该企业的历史信贷记录、资金周转情况，须采集的数据项为企业基本概况、历史信贷记录、财务状况等。

（1）采集方式的确定。确定科学合理的采集方式是采集计划的另一主要内容。不论主动调查，还是授信机构或其他机构批量报送数据，征信机构都应制定最经济便捷的采集方式，做好时间、空间各项准备工作。对于批量报送数据的方式，由于所提供的数据项种类多、信息量大，征信机构应事先制定一个规范的数据报送格式，让授信机构或其他机构按照格式报送数据。

（2）采集中应注意的其他事项。在实际征信过程中，如果存在各种特殊情况或发生突发状况，征信机构应在数据采集计划中加以说明，以便顺利开展工作。

（3）实施数据采集。数据采集计划完成后，征信机构应依照计划开展采集数据工作。数据一般来源于已公开信息、征信机构内部存档资料、授信机构等专业机构提供的信息、被征信人主动提供的信息、征信机构正面或侧面了解到的信息。出于采集数据真实性和全面性的考虑，征信机构可通过多种途径采集信息。但要注意，这并不意味着数据越多越好，要兼顾数据的可用性和规模，在适度的范围内采集合适的数据。

三、数据分析

征信机构收集到的原始数据，只有经过一系列的科学分析之后，才能成为具有参考价值的征信数据。

1. 数据查证

数据查证是保证征信产品真实性的关键步骤。一查数据的真实性。对于存疑的数据，征信机构可以通过比较不同采集渠道的数据，来确认正确的数据。当数据来源唯一时，可通过二次调查或实地调查，进一步确定数据的真实性。二查数据来源的可信度。某些被征信人为达到不正当目的，可能向征信机构提供虚假的信息。如果发现这种情况，征信机构除及时修改数据外，还应记录该被征信人的"不诚信行为"，作为以后业务的参考。三查缺失的数据。如果发现采集信息不完整，征信机构可以依据其他信息进行合理推断，从而将缺失部分补充完整。比如，利用某企业连续几年的财务报表推算出某几个数据缺失项。最后是被征信人自查，即异议处理程序。当被征信人发现自己的信用信息有误时，可向征信机构提出申请，修正错误的信息或添加异议声明。特别是批量报送数据时，征信机构无法对数据进行一一查证，一般常用异议处理方式。

2. 信用评分

信用评分是个人征信活动中最核心的数据分析手段，它运用先进的数据挖掘技术和统计分析方法，通过对个人的基本概况、信用历史记录、行为记录、交易记录等大量数据进行系统的分析，挖掘数据中蕴含的行为模式和信用特征，捕捉历史信息和未来信息表现之间的关系，以信用评分的形式对个人未来的某种信用表现做出综合评估。信用评分模型有各种类型，能够预测未来不同的信用表现。常见的有信用局风险评分、信用局破产评分、征信局收益评分、申请风险评分、交易欺诈评分、申请欺诈评分等。

3. 其他数据分析方法

在对征信数据进行分析时，还有其他许多的方法，主要是借助统计分析方法对征信数据进行全方位分析，并将分析获得的综合信息用于不同的目的，如市场营销、决策支持、宏观分析、行业分析等领域。使用的统计方法主要有关联分析、分类分析、预测分析、时间序列分析、神经网络分析等。

四、形成信用报告

征信机构完成数据采集后，根据收集到的数据和分析结果加以综合整理，最终形成信用报告。信用报告是征信机构前期工作的智慧结晶，体现了征信机构的业务水平，同时也是客户了解被征信人信用状况、制定商业决策的重要参考。因此，征信机构在生成信用报告时，务必要贯彻客观性、全面性、隐私和商业秘密保护的科学原则。所谓客观性，指的是信用报告的内容完全是真实客观的，没有掺杂征信机构的任何主观判断。基于全面性原则，征信报告应充分披露任何能够体现被征信人信用状况的信息。但这并不等于长篇大论，一份高质量的信用报告言简意赅、重点突出，使客户能够一目了然。征信机构在撰写信用报告过程中，一定要严格遵守隐私和商业秘密保护原则，避免泄露相关信息，致使客户和被征信人的权益受到损害。信用报告是征信机构最基本的终端产品，随着征信技术的不断发展，征信机构在信用报告的基础上衍生出越来越多的征信增值产品，如信用评分等。不论形式如何变化，这些基本原则是始终不变的。

第三节　征信业的产业链

征信产业链包括上游的数据生产者、中游的征信机构及下游的征信信息的使用者，其中中游的征信机构运行模式主要有采集数据、加工数据及销售产品，如图4-3

所示。按照征信业务流程的环节划分，征信业产业链包括以下四个部分。

图 4-3　征信产业链

（一）信用信息采集

信用信息的采集范围：基本信息（指用于识别企业基本状况的信息）、经营管理信息（指用于反映企业经营管理状况的信息）、财务信息（指用于反映企业整体财务状况或某类特殊事项财务状况的相关信息）、银行往来信息（指用于反映企业偿还贷款能力的相关信息）、提示信息（指政府部门、司法机关或其他社会公共机构掌握的有关企业信用方面的各种信息）、其他信息（除上述内容以外的，其他有关企业信用的信息）。

采集到的信息，按不同的结构生成原始数据库。

（二）信用信息加工和管理

对采集到的数据进行加工处理，如对征信数据清洗与筛选、选择信用评估模型、对信息主体进行信用评价等。广义上，还包括建立在信用机制基础上的互联网企业、第三方中介信用管理模型的更新迭代等。

（三）信用产品交易

征信产品在各类信用服务机构、金融机构和个人之间的流转与交易。在信用市场中，尤其应注意基于信用原理发展起来的新型互联网经济业态，这些新经济以信用原理为依据，将传统经济交易双方信息不对称领域中的相关主体的信息资源进行整合，降低了信息获取成本和失真程度，使传统行业发展更加高效和规范，新兴信用经济的发展为社会信用体系向纵深发展提供了强劲动力和市场基础。

（四）信用异议申请和修复

其包括对原信息异议处理程序、相关规则和管理办法等。

第五章　区块链技术

区块链技术知识结构如图 5-1 所示。

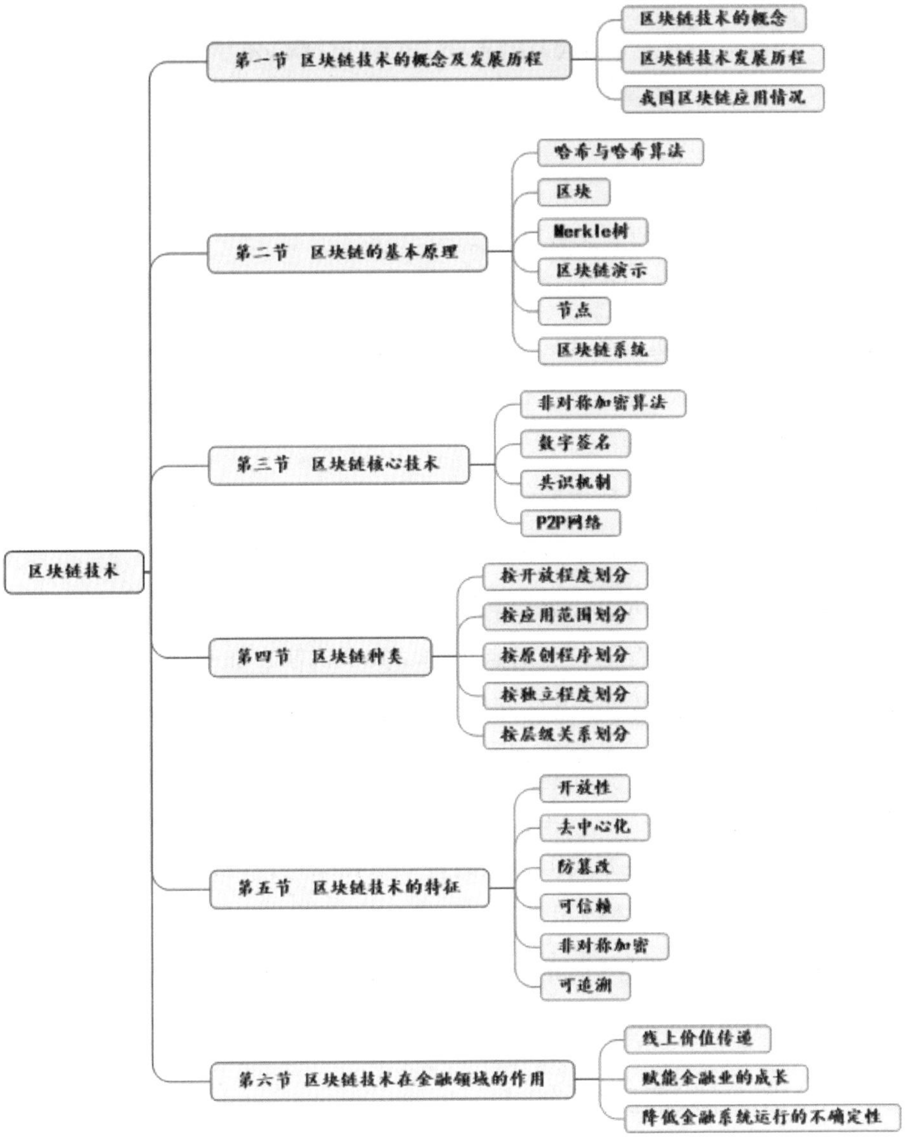

图 5-1　区块链技术知识结构图

2008 年，中本聪借鉴和综合前人的成果，用区块链作为底层技术创造了比特币，开发出点对点支付电子现金系统，在无须中介的情况下解决了双重支付（双花）问题。

区块链是一门有前景的计算机网络技术，它给数字世界带来了"价值表示"和"价值转移"两项全新的基础功能，互联网由"信息互联网"进化为"价值互联网"，在网络经济时代成为一种新经济趋势。

第一节 区块链技术的概念及发展历程

一、区块链技术的概念

区块链技术有广义和狭义之分。

广义上讲，区块链技术是利用块链式数据结构来验证与存储数据、利用分布式节点共识算法来生成和更新数据、利用密码学的方式保证数据传输和访问的安全、利用由自动化脚本代码组成的智能合约来编程和操作数据的一种全新的分布式基础架构与计算范式。

狭义来讲，区块链是一种按照时间顺序将数据区块以顺序相连的方式组合成的一种链式数据结构，并以密码学方式保证的不可篡改和不可伪造的分布式账本技术（Distributed Ledger Technology，分布式数据库）。

区块链是分布式数据存储、点对点传输、共识机制、加密算法等计算机技术的创新应用，涉及数学、密码学、互联网和计算机编程等科学技术。

本质上讲，区块链是由各种技术和通信协议组成的，带有完整性数学证明的普适性互联网底层软件基础架构。在应用层面，它表现为一个共享数据库，按照时间顺序将数据区块以顺序相连方式组合成的链式数据结构，并以密码学方式保证不可篡改和不可伪造的分布式账本技术。

区块链技术在授信、国际汇兑、信用证、股权登记和证券交易所等金融领域有着潜在的巨大应用价值。

二、区块链技术发展历程

（一）区块链应用的出现

2008 年 8 月，Blockstream 的首席执行官 Adam Back 收到了一封来自 Satoshi Nakamoto（中本聪）的电子邮件，里面有一份电子现金白皮书（当时还没有"比特币"这个名字），Adam Back 对发件人提出了以下问题：你会开始这个项目吗？原则是什么？并建议中本聪参考 B-Money 的构思，后来 B-Money 被添加到比特币白皮书。

之后，Adam Back 与中本聪又通过电子邮件做了几次交流，并提供了一些其他研究人员关于电子货币构想的早期资料文献。

2008 年 10 月 31 日，中本聪向一个密码学邮件列表的所有成员发送了一个电子邮件，标题为"比特币：点对点电子现金论文"。在邮件中，他写道："我一直在研究一个新的电子现金系统，它完全是点对点的，无须任何的可信第三方。"2008 年 11 月 16 日，中本聪公开了比特币系统的源代码。

2009 年 1 月 3 日，在位于芬兰赫尔辛基服务器上，中本聪生成了第一个比特币区块，即所谓的比特币创世区块（genesis block）。

至此，区块链技术进入全世界的视野。

（二）区块链应用的发展

区块链强大的容错功能，使得它能够在没有中心化服务器和管理的情况下，安全稳定地传输数据。区块链专家 Melanie Swan 将区块链应用发展规划分为三个阶段：区块链 1.0、区块链 2.0、区块链 3.0（图 5-2）。

图 5-2　区块链应用发展趋势

1. 区块链 1.0：以比特币为代表的可编程货币

比特币设计的初衷，是构建一个可信赖的、自由、无中心、有序的货币交易世界，尽管比特币出现了价格剧烈波动、挖矿产生巨大能源消耗等各种问题，但作为一种可编程货币①，仍引起了广泛关注。

区块链去中心化、基于密钥的毫无障碍的交易模式，保证了真实性，同时极大

---

① 可编程货币是一种价值的数据表现形式，通过数据交易并发挥交易媒介、记账单位及价值存储的功能，但它并不是任何国家和地区的法定货币，也没有政府当局为它提供担保，只能通过使用者间的协议来发挥上述功能。而电子货币是将法定货币数字化后以支撑法定货币的电子化交易，因此二者并不等同。

地降低了交易成本，对传统的征信活动提供了绝佳手段，也描绘了"全息征信"的理想愿景。区块链 1.0 成为经济交易中去信任化的全新起点。

2. 区块链 2.0：基于区块链的可编程行业

2014 年，"区块链 2.0"成为一个关于去中心化区块链数据库的术语。对可编程的二代区块链，被认定为一种编程语言，允许用户写出更精密和智能的协议。区块链 2.0 技术跳过了交易和"价值交换中担任金钱和信息仲裁的中介机构"，使隐私得到保护，也实现了人们将掌握的信息兑换成货币，并且有能力保证知识产权的所有者得到收益。二代区块链技术使存储个人的"永久数字 ID 和形象"成为可能，并且对"潜在的社会财富分配"不平等提供解决方案 。

金融机构采用区块链技术开展各种业务，人们试着通过"智能合约"加入区块链中形成可编程金融。区块链技术的共识算法、非对称加密在完全陌生的节点建立了信用，重建征信行业的信用机制，所有信用数据都被维护在区块链上，各企业只要有客户提供的私钥就可以查询相关信息，而不会被误导。开拓区块链征信，将是进一步提高征信活动效率，解决经济交易的信息不对称，降低授信活动中尽职调查成本的关键环节。

3. 区块链 3.0：基于可编程的社会

当今世界各国都在积极开发区块链技术在各行业的应用，争抢技术制高点。在法律、零售、物联、医疗等领域，区块链技术同样可以解决信任问题，不需第三方验证，从而提高整个行业的运行效率和水平。目前，区块链的应用已延伸到物联网、智能制造、供应链管理、数字资产交易等多个领域。

2018 年被称为区块链技术应用元年，区块链技术可应用到身份认证、交通、房地产、公共事业管理、社会救援等领域。各产业层级的电子认证领域区块链技术大显身手。

Venture Scanner 对 1007 家区块链公司进行了追踪分析，2018 年 5 月，发布了 2018 年第一季度的区块链技术领域发展概况一览。本书按功能对部分区块链公司进行划分，列为 10 类（区块链创新品类、支付、钱包、交易、金融服务、信任与验证、基础建设、大数据、服务、新闻与数据）[1]。其中，区块链创新品类数量最多（244 家，

---

① 原文为 13 个跨越类。

融资最多），包含使用基于区块链的分布式分类账簿技术的公司；金融交易的速度提高、智能合约公司；跨区块链的互操作能力的公司。这些公司的总共融资金额高达60 亿美元。

（三）世界前沿公司积极投入区块链开发

2020 年 2 月，欧洲委员会把数据加密虚拟货币放到迅速发展规划行业的第一位，此项措施促进了每个组织对于虚拟货币的现行政策研究。科技有限公司在技术的研究层面也走在了前边。

IBM 发布了"对外开放账簿新项目"（open ledger project），开发设计公司级的软件架构，促进区块链金融技术的商务交易，根据 IBM 云计算服务的 Blue-mix 和 API 系统架构来适用外界数据信息的连接。IBM 在技术层面的实践活动也有许多。最近，它与日本的一家企业运用物联网技术做了颇具艺术创意的实验，获得了一些成效。

微软公司运用 Azure 服务平台，为客户出示"即服务项目"，能够促使 R3 及其金融机构组员加速实验和学习培训过程，加快分布式系统账表的开发设计、检测和部署。

Intel 也公布了用于构建、部署和运作分布式账本的高效率模块化设计服务平台 Sawtoothlake；另外，Intel 还研究为运用的硬件配置集成 IC 造就可信任站点的实行自然环境，出示更高的安全系数和隐私保护。

此外，美国华尔街也在迅速行动，虽然建立较晚，可是 R3 的关键职责是制定商业银行开发设计的国家标准，及其探寻实践活动主要用途，并创建金融机构的区块链同盟。

三、我国区块链应用情况

（一）政策引领起点高

2019 年 10 月 24 日，中共中央政治局就区块链技术发展现状和趋势进行第十八次集体学习，强调要把区块链作为核心技术自主创新的重要突破口，明确主攻方向，加大投入力度，着力攻克一批关键核心技术，加快推动区块链技术和产业创新发展。

2019 年，全球 82 个国家、地区、国际组织共发布的超过 600 项区块链，相关政策中，我国共发布 267 项相关政策，占全球政策总数的 45%。国内各部委共出台区块链相关政策 17 项；各地方政府出台配套政策达 244 项。

2019 年，国家网信办发布了第一批境内区块链信息服务备案编号，来自全国 18

个省市的 197 个区块链信息服务项目位列其中。其中，联盟链数量高达 116 个，占比 59%，接近六成；公链项目只有 25 个，占比 13%。

（二）申请专利多

据世界知识产权组织发布的信息显示，2017 年全球区块链专利申请数量为 406 件。其中，我国 2017 年申请了 225 项，数量居全球第一。

（三）企业研发活跃

2018 年 3 月，我国以区块链业务为主营业务的区块链公司数量达到 456 家，涵盖了硬件制造、平台服务、安全服务、产业技术应用服务、行业投融资、媒体和人才服务等多个链条。

2020 年，更多的公司进入区块链系统开发行列，这年成为我国区块链应用落地的元年。

2021 年，国内有 211 家上市公司开发区块链业务，中大型企业占比超九成；上市时间 3 年以上的企业共 195 家，其中上市时间 10 年以上企业占 50.24%；一线城市的区块链上市企业活跃，北京、深圳、杭州、上海、成都共有 120 家。

第二节　区块链的基本原理

简单来说，区块链应用了密码学原理，结合现代电子科技，解决了人与人之间的"信任"问题。由区块链的定义可知其基本原理。

（1）使用"哈希链"形式的数据结构保存基础数据。

（2）拥有独立交易记录功能的多个节点。

（3）使用分布式记账系统。

（4）各节点通过加密协议或算法对基础数据的一致性达成共识。

通过哈希算法、区块、区块链、Merkle 树等技术，构建出一个不可篡改、全员共享的分布式账本。

一、哈希与哈希算法

Hash（哈希）：散列，通过关于键值（Key）的函数，将数据映射到内部存储中一个位置来访问。这个过程叫作 Hash，这个映射函数称作散列函数，存放记录的数组称作散列表（Hash Table），又叫哈希表。

哈希算法（Hash Algorithm）又称散列算法，它能将任意长度的二进制明文映射为较短的二进制串的算法，并且不同的明文很难映射为相同的 Hash 值。也可以理解为空间映射函数，是从一个非常大的取值空间映射到一个非常小的取值空间，由于不是一对一的映射，Hash 函数转换后不可逆，意思是不可能通过逆操作和 Hash 值还原出原始的值。

也可以通俗地解释为：哈希算法从任意文件中创造小的数字"指纹"的方法。与指纹一样，哈希算法就是一种以较短的信息来保证文件唯一性的标志，这种标志与文件的每一个字节都相关，而且难以找到逆向规律。因此，当原有文件发生改变时，其标志值也会发生改变，从而告诉文件使用者当前的文件已经不是你所需求的文件。

Hash 值又称为指纹或者摘要，具有以下几个特点。

（1）正向快速。给定明文和 Hash 算法，在有限时间和有限资源内能计算得到 Hash 值。

（2）逆向困难。给定 Hash 值，在有限时间内很难逆推出明文。

（3）输入敏感。原始输入信息发生任何变化，新的 Hash 值都应该出现很大变化。

（4）冲突避免。很难找到两段内容不同的明文，使得它们的 Hash 值一致。

Hash 函数可以简单地划分为加法 Hash、位运算 Hash、乘法 Hash、除法 Hash、查表 Hash、混合 Hash。

常使用的哈希算法包括 MD5、SHA-1、SHA-256、SHA-384 及 SHA-512 等，目前 MD5 和 SHA-1 已经被破解。

二、区块

区块由区块头和区块体两部分组成。区块头部字节长度比较固定，由前区块体哈希值、本区块体哈希值、时间戳三组数据构成。哈希值是区块的唯一标志，是读取区块信息的标签（图 5-3）。

（一）区块头

（1）版本号（Version）。用来标识交易版本和所参照的规则。

（2）前一区块哈希值。也称"父区块哈希值"，这个哈希值通过对前一个区块的块头数据进行哈希计算得出。它的意义在于，每个新挖出的区块都按秩序接在前一个区块的后面。

（3）默克尔根（Merkle Root）。在区块主体中，所有交易信息先进行两个一组的哈希计算，这种结构叫作 Merkle 树（Merkle Tree），而且是一棵倒挂的树。

（4）时间戳（Time）。记录这个区块生成的时间，精确到秒。

（5）难度值（Target bits）。挖出该区块的难度目标，它决定了各节点大约需要经过多少次哈希运算才能产生一个合法的区块。若控制一个稳定的时间段生成一个新区块，则需要考虑在不同的全网算力条件下，难度值进行变化调整。一般每产生 2016 个区块，数据区块运算难度会调整一次。

（6）随机数（Nonce）。节点怎样才能知道试对了哈希值呢？随机数就是这道数学题的解，挖矿过程就是在寻找这个随机数。拥有 80 字节固定长度的区块头中就包括工作量证明的随机数。

（二）区块体

区块体打包了所有的交易数据，每一条交易数据单独形成独有的交易哈希，这些交易哈希两两配对形成新的哈希，最终所有的交易哈希变成一个哈希值，这个哈希值叫作默克尔根哈希。

区块头 （容量 80 字节）	版本号（4 字节）—时间戳（4 字节）—难度值（4 字节）—随机数（4 字节）			
	前一区块哈希值 （32 字节）	默克尔根 （区块内所有交易的统一哈希） （32 字节）		
区块体 （容量 1M）	示 例			
	Top Hasn $Hash\begin{pmatrix}Hash0\\+\\Hash1\end{pmatrix}$			
区块体 （容量 1M）	Hash 0 $Hash\begin{pmatrix}Hash0-0\\+\\Hash0-1\end{pmatrix}$		Hash 1 $Hash\begin{pmatrix}Hash1-0\\+\\Hash1-1\end{pmatrix}$	
	Hash 0-0 Hash（L1）	Hash 0-1 Hash（L2）	Hash 1-0 Hash（3）	Hash 1-1 Hash（L4）
	交易内容 L1	交易内容 L2	交易内容 L3	交易内容 L4

图 5-3　区块的构成

传统的区块容量为区块头 80 字节、区块体 1M。

三、Merkle 树

Merkle tree 也称 Hash tree，是树形结构（图 5-4），一棵完全二权树，所以叫 Merkle 树。

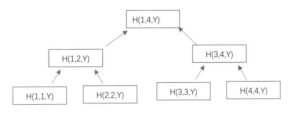

图 5-4　Merkle 树形状

1989 年，密码学家 Merkle 提出了 Merkle 可信树的思想。Merkle 可信树的认证关键是其树形构造以及认证路径节点值的计算。后来，更多学者对 Merkle 树的遍历速度进行了优化——通过叶子节点认证路径的查找效率改进了认证效率。Merkle 树基本构成如表 5-1 所示。

表5-1　Merkle树基本构成

hashABCD=hash（hashAB+hashCD）			
hashAB=hash（hashA+hashB）		hashCD=hash（hashC+hashD）	
hashA=hash（DataA）	hashB=hash（DataB）	hashC=hash（DataC）	hashD=hash（DataD）
Data(A)	Data(B)	Data(C)	Data(D)

Merkle 树有如下功能。

1. 校验文档正确性

比如，我们在互联网上下载了一个文档，如何验证文档是否和原文档相同？

假设文档是 DataA+DataB+DataC+DataD，原文档 Hash tree 树根 Hash 是 hashABCD。在本机重新对下载的文档（DataA+DataB+DataC+DataD）生成 Hash 树，对比新生成的树根与原文档树根。

2. 快速定位错误

原文档与本机文档不同，树根 hashABCD 必然不同，向下递归，如果 hashAB 不同，必定是 A,B 数据块有出入。

3.快速校验部分数据是否在原始数据中

比如，S 告诉 V，DataC 在文档中，因为原始文档特别大，但 V 的电脑磁盘不能存放，V 怎么快速验证 DataC 在不在原始文档中？

V 可自网上下载 DataC->hashC/hashD->hashCD/hashAB->hashABCD 数据，校验下载的正确与否以及 DataC 是不是 S 所说的 DataC。

四、区块链演示

（一）由三个区块形成的区块链

形成区块链的三个区块信息如表 5-2 所示。

表5-2　三个区块

Block	#		0
Nonce	72608		
Data	数据内容		
Prev::	0000000000000000		
Hash	000098ef18191812		
MINE			
Block	#		1
Nonce	52343		
Data	数据内容		
Prev::	00098ef18191812		
Hash	000098bd1816058		
MINE			
Block	#	2	

Nonce	65548	
Data	数据内容	
Prev::	000098bd1816058	
Hash	00009sb61816d58	
MINE		

表 5-2 是一个简单的区块链模型，它由 3 个区块组成，分别为区块 0、区块 1、区块 2。每个区块均包含以下 6 部分。

（1）区块高度：当前区块在整个区块链中的位置。

（2）Nonce 值：随机数，当前区块的挖矿答案。

（3）Data：区块打包的数据。

（4）Prev 值：前置区块哈希，上一区块哈希。

（5）Hash 值：区块哈希，当前区块的区块哈希。

（6）MINE：挖矿。

（二）区块链

（1）区块高度。任意一条区块链的区块高度都是从 0 开始，第一个区块的区块高度均为 0，这是因为在计算机语言中，第一是从 0 开始的。

（2）前置区块哈希。模型中存在两种哈希值：Prev 和 Hash。Prev 是前一区块的哈希值，将前一区块哈希带到后一区块中，作为本区块的一部分，以防篡改。

（3）哈希指针。如何理解哈希指针呢？我们观察以下四组数据：

区块 0 的 Hash 是 0000467bd3ce10ec00ecc29d31ec97ed

区块 1 的 Prev 是 0000467bd3ce10ec00ecc29d31ec97ed

区块 1 的 Hash 是 0000e760668b6273d38c945c153fde57

区块 2 的 Prev 是 0000e760668b6273d38c945c153fde57

通过对比可以看出，区块 0 的区块哈希是区块 1 的前置哈希，区块 1 的区块哈希是区块 2 的前置哈希。前置区块的哈希不仅作为下一区块的一部分，而且还形成串联，这种串联关系叫作"哈希指针"。哈希指针是指向数据存储位置的指针，同时也是位置数据的哈希值。相较于普通的数据指针，哈希指针不但可以指定数据存储的位置，而且还可以验证数据是否被篡改过。

五、节点

节点是区块链的通信实体，是一个逻辑概念，不同类型的多个节点可以运行在同一个物理服务器上。节点主要有客户端节点、普通节点、排序节点、认证节点四种。

（一）客户端节点

客户端节点也称为终端节点或主机节点，是网络中最终用户或设备的节点。这些节点可以是个人计算机、服务器、智能手机、平板电脑、打印机等设备。客户端必须连接到某一个普通节点或排序服务节点上才能与区块链网络进行通信。客户端向背书节点提交交易提案，当收集到足够背书后，向排序服务节点广播交易提案，进行排序然后生成区块。

（二）普通节点

普通节点根据所承担的角色又可以分为记账节点、背书节点、锚节点和主节点。

1. 记账节点

所有的普通节点都是记账节点，负责验证排序服务节点区块里的交易，维护状态和总账的副本。该节点会定期从排序服务节点获取包含交易的区块，在对这些区块进行核发验证之后，会把这些区块加入区块链中。记账节点无法通过配置文件配置，需要在当前客户端或者命令行发起交易请求的时候手动指定相关的记账节点。记账节点可以有多个。

2. 背书节点

部分节点还会执行交易并对结果进行签名背书，充当背书节点的角色。背书节点是动态的角色，是与具体链码绑定的。每个链码在实例化的时候都会设置背书策略，指定哪些节点对交易背书后交易才是有效的。并且只有应用程序向它发起交易背书请求的时候才是背书节点，其他时候都是普通的记账节点，只负责验证交易并记账。背书节点也无法通过配置文件指定，而是由发起交易请求的客户端指定。背书节点可以有多个。

3. 锚节点

普通节点还可以是锚节点，锚节点主要负责代表组织和其他组织进行信息交换。每个组织都有一个锚节点，锚节点对于组织来说非常重要，如果锚节点出现问题，当前组织就会与其他组织失去联系。锚节点的配置信息是在 configtxgen 模块的配置文件 configtx.yaml 中配置的。锚节点只能有一个。

4. 主节点

普通节点还可以是主节点，能与排序服务节点通信，负责从排序服务节点获取最新的区块并在组织内部同步。主节点在整个组织中只能有一个。

（三）排序节点

排序节点是接收包含背书签名的交易，对未打包的交易进行排序并生成区块，向普通节点广播。排序节点提供的服务强调原子性，保证同一个链上的节点接收到相同的消息，并且有相同的逻辑顺序。

多通道排序服务实现了多链的数据隔离，保证只有同一个链的普通节点才能访问链上的数据，保护用户数据的隐私。

排序服务可以采用集中式服务，也可以采用分布式协议。可以实现不同级别的容错处理，常见的交易排序的功能，可以实现崩溃故障容错，但不支持拜占庭容错。

（四）认证节点

认证节点使用认证技术，通过验证物联网设备和节点的身份、完整性、可信性等特征，从而建立双方的信任关系，确保数据传输的完整性、机密性和可靠性的技术。

认证节点是 Hyper ledger Fabric 的证书颁发机构，由服务器和客户端组件组成 CA 节点接收客户端的注册申请，返回注册密码用于用户登录，以便获取身份证书。在区块链网络上所有的操作都会验证用户的身份。CA 节点是 Fabric 网络中的证书颁发机构节点，负责颁发和管理证书。CA 节点可以用其他成熟的第三方 CA 颁发证书。常用的 CA 节点有 Root CA 节点和 Intermediate CA 节点两种。

六、区块链系统

区块链系统由自下而上的数据层、网络层、共识层、激励层、合约层和应用层组成，其中构建区块链应用的必要因素主要包括数据层、网络层和共识层（图 5-5）。

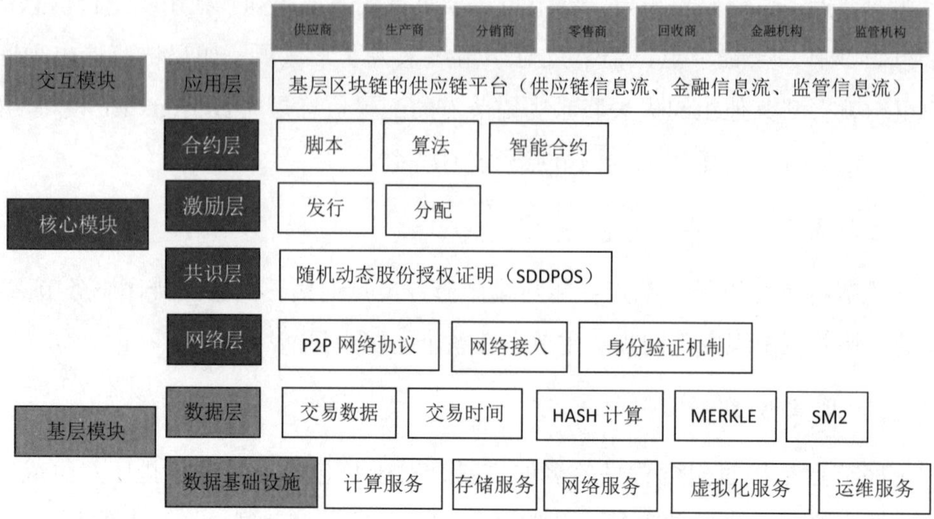

图 5-5　区块链技术原理

（一）数据层

在数据层，封装了底层数据区块的链式结构，相关的非对称公私钥数据加密技术和时间戳等技术。大多数技术都已被发明数十年，并在计算机领域使用了很久，无须担心其安全性。其中，交易数据作为最根本的交易记录，是带有一定格式的交易信息，需要进一步加工封装才能写入区块内；区块链使用密码学算法（如 SHA256 算法）将原始交易记录经过特定的算力证明记录进区块；时间戳作为区块数据存在性证明，确定了区块的写入时间，加盖在区块头上，保证了区块链的时序性。

（二）网络层

网络层主要实现区块链中去中心化记账节点之间的信息交流。网络层包括分布式组网机制、数据传播机制和数据验证机制等，由于采用了完全 P2P 的去中心化组网技术，网络中每个节点地位对等且以扁平式拓扑结构相互连通和交互，每个节点均会承担网络路由，验证传播交易信息等工作，也就意味着区块链是具有自动组网功能的。

（三）共识层

共识层主要封装网络节点的各类共识机制算法。共识机制算法是区块链技术的核心技术，负责调配分布式网络记账节点的任务负载，使高度分散的节点在去中心化的系统中高效地达成共识，影响着整个系统的安全性和可靠性。最为知名的共识机制算法有工作量证明机制（Proof of Work，Pow）、权益证明机制（Proof of Stake，PoS）、股份授权证明机制（Delegated Proof of Stake，DPoS）等。

（四）激励层

激励层往往是一种博弈机制，激励更多遵守规则的节点愿意进行记账。该层将经济因素集成到区块链技术体系中来，主要包括经济激励的发行机制和分配机制等。激励层主要出现在公有链（Public Blockchain）中，以激励遵守规则参与记账的节点，并且惩罚不遵守规则的节点，让整个系统朝着良性循环的方向发展。

（五）合约层

合约层主要封装各类脚本代码、算法机制以及智能合约等，赋予了区块链底层数据可编程特性。以比特币为例，比特币是一种可编程的货币，合约层封装的脚本中规定了比特币的交易方式和交易过程中所涉及的各种细节。而以太坊为首的新一代区块链系统试图完善比特币的合约层。如果把比特币看成全球账本，那么以太坊就可以看作一台"全球计算机"——任何人都可以上传和执行任意的应用程序，并且程序的有效执行能够得到保证，其区块链技术前景极为广阔。

（六）应用层

应用层则封装了区块链的各种应用场景和案例。如封装在以太坊上的各类区块链应用就部署在应用层。

第三节 区块链核心技术

区块链通过核心技术实现在区块生成规则、点对点网络传输和共识机制等方面的安全有效运行。

一、非对称加密算法

区块链做到可依赖的重要原因就是复杂的非对称加密算法。加密时，通过公钥（public key）和私钥（private key）实现，两者成对，互相解密。

比如，所有的人都知道 V 的加密的方法（公钥），但不知道 V 解密的方法（私钥）。大家可以用 V 的公钥对信息加密（生成资料 A），V 收到 A 后用私钥解密，获得明文。在这个过程中无数人都可以得到资料 A，但谁也不知道具体内容是什么。

但是 V 的好友 X 说，有人冒充 V 给他发信息。怎么办呢？V 可以把其所发的信息（内容是 C），用 V 的私钥 2，加密，加密后的内容是 D，发给 X，再告诉 X 解密看是不是 C。X 用 V 的公钥 1 解密，发现果然是 C。

这个时候，X 会想到，能够用 V 的公钥解密的数据，必然是用 V 的私钥加密。只有 V 知道自己的私钥，因此 X 可以确认是 V 发的东西。

私钥数字签名，公钥验证。

签名在网络通信中的应用称为数字签名。当服务器向客户端发送信息时，会将报文生成报文摘要，同时对报文摘要进行 hash 计算，得到 hash 值，然后对 hash 值进行加密，并将加密的 hash 值放置在报文后面，这个加密后的 hash 值就称为签名。

二、数字签名

服务器将报文、签名和数字证书（CA 证书）一同发送给客户端。客户端收到这些信息后，会首先验证签名，利用签名算法对签名进行解密，得到报文摘要的 hash 值，然后将得到的报文生成报文摘要并利用签名 hash 算法生成新的 hash 值，通过对比这两个 hash 值是否一致，判断信息是否完整，是不是由真正的服务器发送的。签名有两个作用：一是确认消息发送方可靠；二是确认消息完整准确。

三、共识机制

区块链去信任化的特点主要体现在区块链上的用户都是不相干的人，他们无须信任交易的另一方，无须信任任何一个中心化的机构，只需信任区块链提供的系统软件就可以实现交易，这种信任的基础就是区块链的共识机制。

共识机制起源于拜占庭理论，经历了数字货币的历史演进，目前主流共识有工作量证明机制、权益证明机制和代理权益证明机制。

1. 工作量证明（Proof of Work，PoW）机制

工作量证明的理念由 Cynthia Dwork 和 Moni Naor 1993 年在学术论文中首次提出。而工作量证明（PoW）这个名词，则是在 1999 年由 Markus Jakobsson 和 Ari Juels 的文章中才被正式提出。

工作量证明系统（或者说协议、函数），要求发起者进行一定量的运算，也就是

说，发起者为得到结果需要消耗一定的计算时间。然后提交的一个难以计算但易于验证的计算结果，而其他任何人都能够通过验证这个答案就确信证明者为求得结果已经完成了大量的计算工作。

比如，现实生活中的毕业证、资格证等，这些证件就是用直接检验结果的方式（看到了证书就可以判定其通过努力通过了相关的考试）来相信持证人已经完成了相应的工作或学习。

一般来说，监测工作的整个过程通常是极为低效的，而通过对工作的结果进行认证来证明完成了相应的工作量，则是一种非常高效的方式。

知识拓展：工作量证明的理论基石

哈希函数（Hash Function），也称为散列函数，给定一个输入 x，它会算出相应的输出 $H(x)$。哈希函数的主要特征如下。

输入 x 可以是任意长度的字符串，而输出结果即 $H(x)$ 的长度则是固定的。计算 $H(x)$ 的过程是高效的——对于长度为 n 的字符串 x，计算出 $H(x)$ 的时间复杂度应为 $O(n)$。

2. 权益证明（Proof of Stake，PoS）机制

用权益证明来代替 PoW 的算力证明，记账权由最高权益的节点获得，而不是最高算力的节点，主要是为了解决 PoW 共识机制算力资源被过多地浪费问题。与 PoW 共识机制要求证明人执行一定的计算工作不同，权益证明要求证明人提供一定量加密货币的所有权即可。

权益证明机制的运作方式是：当创造一个新区块时，"矿工"需要创建一个"币权"交易，交易会按照预先设定的比例把一定数量的币发送给矿工本人。权益证明机制根据每个节点拥有代币的比例和时间，依据算力等比例地降低节点挖矿难度，从而加快了寻找随机数的速度。

区块链 +Token（权益证明）[①] 的模式是区块链业务生态化发展的底层逻辑，在业务生态里，最终发的不是股票是 Token，Token 不是用利润来回购或者来兑现的，Token 的价值取决于 Token 能否在业务应用里，这也是实现区块链业务应用的基础。

---

① Token，即"通证"。"通证经济"这个词开始出现，可能会成为未来新的商业形态。"通"可以理解为流通，"证"可以理解为证明。Steemit 可以说是如今区块链内容平台的鼻祖，平台上用户生产出好的内容，给平台带来了用户和流量，将得到与之对应的收益。

Security token：密保令牌，或者硬件令牌。

Session token：会话令牌，交互会话中唯一身份标识符。

Tokenization：令牌化技术，取代敏感信息条目的处理过程。

Token ring：令牌环网，网络技术里面。令牌是一种能够控制站点占有媒体的特殊帧，以区别数据帧及其他控制帧。

3. 代理权益证明（Delegate Proof of Stake，DPoS）机制

代理权益证明有点类似于代表大会制度，由持币者选取 21 个节点参与区块生产和验证，每次参与记账的区块生产者是由持有代币的人选举产生的，如果节点"作恶"，会被系统自动"投出"。代理权益证明机制采用了部分"人治"弥补了区块链技术在效率上的缺憾。

四、P2P 网络

P2P（peer-to-peer）不是金融里的 P2P，网络又称为对等式网络，或者点对点网络。这是一种无中心服务器、完全由用户群进行交换信息的互联网体系，P2P 网络的每一个用户就是一个客户端，同时也具备服务器的功能。区块链的去中心化网络结构主要就是通过 P2P 来实现。为了区别传统中心化网络与 P2P 网络，本书举一个下载的例子。假设你要下载的一个视频是一堆砖。在传统中心化网络的下载方式就是大家都去中心服务器上搬砖然后运回自己的电脑上。但是中心服务器的门再大也架不住来的人多，人多以后就挤在门口，搬砖效率明显下降，如果你这个时候是在看实时播放的视频，就不得不接受屏幕中间旋转的小圈圈了。但是 P2P 网络不一样，它除了可以从服务器上搬砖，还能从别人家里搬砖，只要发现别人家里有我还没有的砖，我就能搬回自己家里。这样一来，下载的人越多，其实下载速度反倒越快了。

第四节　区块链种类

区块链从不同角度有多种划分方法。

一、按开放程度划分

这是当前主流的划分方式，将所有的区块链项目划分为三类：公有链、联盟链、

私有链。三类项目的开放性依次递减。

（一）公有链

公有链通常也称为非许可链（Permissionless Blockchain），无官方组织及管理机构，无中心服务器，参与的节点按照系统规格自由接入网络、不受控制，节点间基于共识机制开展工作。

公有链一般适合于虚拟货币、面向大众的电子商务、互联网金融等 B2C、C2C 或 C2B 等应用场景，比特币和以太坊等就是典型的公有链。公有链对任何人都是开放的，每个人都可以参与进来，数据由大家共同记录，去中心化的性质最强。

（二）联盟链

联盟链是一种需要注册许可的区块链，这种区块链也称为许可链（Permissioned Blockchain）。联盟链仅限于联盟成员参与，区块链上的读写权限、参与记账权限按联盟规则来制定。整个网络由成员机构共同维护，网络接入一般通过成员机构的网关节点接入，共识过程由预先选好的节点控制。

一般来说，联盟链适合于机构间的交易、结算或清算等 B2B 场景。例如，在银行间进行支付、结算、清算的系统就可以采用联盟链的形式，将各家银行的网关节点作为记账节点，当网络上有超过 2/3 的节点确认一个区块，该区块记录的交易将得到全网确认。

一个由多个公司组成的联盟，只针对某个特定群体的成员和有限的第三方，其内部指定多个预选节点为记账人，每个区块的生成均由所有的预选节点共同决定。联盟链内部所用的公用账本、数据由联盟内部的成员共同维护，只对组织内部成员开放，它的去中心化程度适中。

例如，由 40 多家银行参与的区块链联盟 R3 和 Linux 基金会支持的超级账本（Hyperleder）项目都属于联盟链架构。

（三）私有链

私有链建立在某个企业内部，系统的运作规则根据企业要求进行设定。私有链的应用场景一般是企业内部的应用，如数据库管理、审计等；一个属于个人或公司的私有账本，不对外开放、仅供内部人员使用、需要注册、需要身份认证的区块链系统，多用于企业的票据管理、财务审计、供应链管理等，效率比公有链高。

二、按应用范围划分

（一）基础链

基础链类似于计算机的操作系统，提供底层的且通用的各类开发协议和工具，方便开发者在上面快速开发出各种 DAPP 的一种区块链，一般以公有链为主。如 ETH、EOS、NULS 等。

（二）行业链

为某些行业特别定制的专用性公链，提供基础协议和工具。例如，BTM 就是资产类公链，GXS 是数据公链，而 SEER 是预测类公链。

三、按原创程序划分

（一）原链

原创的区块链，单独设计出整套区块链规则算法的。这种区块链对技术的要求非常高，绝大多数项目不是区块链项目。

（二）分叉链

在原链基础上分叉出来独立运行的主链，分叉链的研发难度低于主链。

四、按独立程度划分

（一）主链

为特定目标而运行上线的、独立的区块链。

（二）侧链

侧链是遵守侧链协议的所有区块链的统称，并不特指某个区块链。侧链旨在实现双向锚定，让某种加密货币在主链以及侧链之间互相"转移"。

五、按层级关系划分

（一）母链

能产生新区块链的链称为母链，底层技术的底层。

（二）子链

在母链基础上生成的区块链即为子链。

第五节　区块链技术的特征

一、开放性

区块链系统中的信息完全公开，各节点可以在保证信息安全的基础上实现信息公开，这就决定了区块链系统的开放性。除了交易各方的私有信息被加密外，区块链的数据对所有人公开，所有人可以自由加入区块链，任何人都可以通过公开的接口查询区块链数据和开发相关应用，让整个系统信息高度透明。

区块链应用系统实现了账目的开放、组织架构的开放、生态的开放。

二、去中心化

区块链在网络架构和治理体制上是去中心化的，没有人能控制，也没有网络中心点，但在逻辑上是中心化的，一个区块链系统所有的节点形成一个完整的系统。这样的结构使得区块链具有很强的容错性、抗攻击力和抗合谋能力，同时又能够提供确定性的服务。去中心化是区块链区别于其他分布式账本的最重要因素。

三、防篡改

如果某个节点篡改了一个区块的数据，该区块与前后区块之间的连接就会被打破，区块链就不再完整。根据共识机制，这样被篡改的区块是无法被其他节点接受的，即无法进入区块链。

四、可信赖（零知识证明）

在区块链中，一个节点无须信任任何其他节点，在假设其他节点都是不合作、不可信的前提下，最终仍可以根据共识机制从区块链中获得可信的数据。

五、非对称加密

非对称加密是一种用密钥加密算法。非对称加密算法需要两个密钥：公开密钥

（publickey，简称公钥）和私有密钥（privatekey，简称私钥）。公钥与私钥是一对，如果用公钥对数据进行加密，只有用对应的私钥才能解密。因为加密和解密使用的是两个不同的密钥，所以这种算法叫作非对称加密算法。

非对称加密常用方法有 SA、Elgamal、ECC 等。

六、可追溯（时间戳）

区块链的可追溯通过"时间戳"实现。在区块链分布式账簿系统中，每生成一个新的区块，会按照时间顺序生成一个数据化的密码，时间戳与电子数据唯一对应，包含电子数据"指纹"、产生时间、时间戳服务中心信息等。成为交易的时间记录，实现了交易的可追溯和不可篡改。

第六节　区块链技术在金融领域的作用

区块链技术的作用非常广泛，除了前文所述的去中心化、去信任化等作用之外，在经济金融领域可支持数字货币、支付清算、供应链金融、证券交易、保险、征信等领域都能发挥很大的作用。

在我国全部区块链创业项目中，金融类占比最高，达到 42.72%，企业服务类占比达 39.18%，这两类项目共计占比高达 81.44%。随着科技发展对金融服务产业转型升级作用日趋明显，将前沿技术与各类金融服务场景深度整合已经成为业界的公示之一。

一、线上价值传递

区块链技术降低了社会信任成本，提高了价值转移的效率，实现了网络中的价值传递。作为信息科技时代的公共基础设施，区块链技术为传递价值提供了载体，把价值传递和各行业的业务高效结合。

区块链 1.0 时代以数字资产的方式呈现，区块链 2.0、互联网，现在发展区块链 3.0，其最核心的部分在于如何和把公司业务与传递价值结合起来，这正是区块链应用最吸引人的部分。

它所提供的价值可归结为效率和公平两方面。区块链降低了搜索成本，反复验证的成本，以及基于区块链技术的智能合约极大降低了合约签署、管理及支付成本等。区块链通过重新定义价值，使得价值点对点快速转移成为可能，让价值流动。

当今的互联网核心承载是"信息"，支付宝、微信支付，其核心则逐渐由信息向价值过渡。

二、赋能金融业的成长

（一）降低信任风险

区块链技术具有开源、透明的特性，系统的参与者能够知晓系统的运行规则，验证账本内容和账本构造历史的真实性和完整性，确保交易历史是可靠的、没有被篡改的，相当于提高了系统的可追责性，降低了系统的信任风险。例如，区块链可以规避网络金融活动中的"炸雷""跑路"等事件。

（二）提高支付、交易、结算效率

在区块链上，交易被确认的过程就是清算、交收和审计的过程。区块链使用分布式核算，所有交易都实时显示在类似于全球共享的电子表格平台上，实时清算，效率大大提升。区块链却能将效率提升到分钟级别，这能让结算风险降低99%，从而有效降低资金成本和系统性风险。

（三）降低经营成本

金融机构各个业务系统与后台工作，往往面临长流程多环节。现今无论Visa、Master还是支付宝都是中心化机构运营，货币转移要通过第三方机构，这使得跨境交易、货币汇率、内部核算、时间花费的成本过高，并给资本带来了风险。区块链能够简化、自动化冗长的金融服务流程，减少前台和后台交互，节省大量的人力和物力，这对优化金融机构业务流程、提高金融机构的竞争力具有重要意义。

（四）有效预防故障与攻击

传统金融模型以交易所或银行等金融机构为中心，一旦中心出现故障或被攻击，就可能导致整体网络瘫痪，交易暂停。区块链在点对点网络上有许多分布式节点和计算机服务器来支撑，任何一部分出现问题都不会影响整体运作，而且每个节点都保存了区块链数据副本。所以区块链内置业务连续性，有着极高的可靠性、容错性。

（五）提升自动化水平

由于所有文件或资产都能够以代码或分类账的形式体现，通过对区块链上的数据处理程序进行设置，智能合约及自动交易就可能在区块链上实现。例如，智能合约可以把一组金融合同条款写入协议，保证合约的自动执行和违约偿付。

（六）满足监管和审计要求

传统金融中人为参与环节多，凭证制定、审核、流转多依靠人工把控，在审计、监管时，可能与真实情况出现出入。

区块链上储存的记录具有透明性、可追踪性、不可改变性的特征。任何记录，一旦写入区块链，将会永久保存且无法篡改。任何双方之间的交易都是可以被追踪和查询的。

三、降低金融系统运行的不确定性

区块链技术在交易中的作用有以下几点。

（一）身份管理

区块链可以对金融机构的市场行为进行溯源和认证，在需要时，可提供身份证明，用于确认交易双方的身份。

（二）资金流追踪

区块链可以记录资金流信息，用于追踪资金的流动线路。区块链的资金追踪功能解决了交易过程不透明的问题。

（三）交易担保

区块链系统还具有交易担保功能，可以解决交易出现问题时不知找谁的问题，因为顾客自己写好的代码可以起到担保作用，在一方未确认交易前，资金不会转到对方账户。

当前，各家互联网平台开发的分布式支付系统自带安全性与反欺诈特性，可以简化传统银行通过层层授权建立的制度信用。比如，微信、支付宝等开发的分布式支付模式、神州信息分布式支付平台的 Sm@rtPaymentV3.0 等。

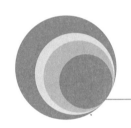

第六章　区块链分片技术

区块链分片技术知识结构如图 6-1 所示。

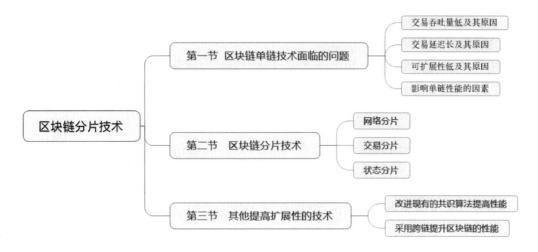

图 6-1　区块链分片技术知识结构图

第一节　区块链单链技术面临的问题

区块链单链技术在应用中出现一些突出问题，比如，交易吞吐量低、交易延迟高、可扩展性低等。

一、交易吞吐量低及其原因

吞吐量是指系统单位时间内能够完成的交易数量，是衡量区块链系统执行效率的指标，一般以 TPS 为单位。区块链系统吞吐量过低的根本原因在于各节点的共识计算过程长。比如，比特币系统设计吞吐量大约 7TPS、以太坊系统设计吞吐量大约 20TPS，而非区块链技术的微信钱包峰值吞吐量 20 万 TPS，支付宝为 12 万 TPS。

区块链吞吐量对节点的 CPU、带宽和存储要求越高，网络上的节点数量就越少，导致去中心化程度越弱，网络的包容性越差。当前，人们通过降低磁盘占用空间，加快节点速度，增强崩溃恢复能力，组件模块化等办法优化节点软件性能，用以应对区块链持续增长带来的挑战，但节点显然仍然无法跟上吞吐量增加的步伐。

二、交易延迟长及其原因

交易延迟即发起交易（支付）和收到确认交易有效性信息之间的时间。这实际上是一个交易速度的概念。由于需要进行共识机制的验证，每个交易都需要等待一定时间才能被记录在区块链上，在交易量高峰期，网络容易出现拥堵，影响交易效率。区块链的交易延迟通常比传统的中心化系统明显。

三、可扩展性低及其原因

区块链不存在中心化的硬件或管理机构，任意节点的权利和义务都是均等的，系统中任意节点都要对交易数据进行全量计算和存储，故而，系统的总体性能受限于单个节点的性能上限，增加节点并不能提升系统的总体性能。

四、影响单链性能的因素

（一）吞吐量和交易延迟共同决定单链性能

考察区块链链单链系统性能，需要综合吞吐量和交易延迟两个因素。只使用交易吞吐量而不考虑延时是不正确的——长时间的交易响应会阻碍用户的使用从而影响用户体验；只使用延时不考虑吞吐量会导致大量交易排队，大型区块链平台必须能够处理大量的并发交易，交易吞吐量过低的技术方案会被直接放弃。

（二）单链性能的"不可能三角"

区块链系统必须在去中心化、安全性和可扩展性之间做出选择，一般最多能同时解决两个功能，也就是通常提到的"不可能三角"。三个功能中的每一个都对区块链的整体性能构成了自己的优势，但彼此并存又会产生新的问题。随着区块链规模的不断扩大，原有的区块链技术面临扩展性、共识效率等方面的挑战。

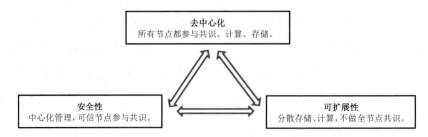

图6-2　单链性能的"不可能三角"

第二节 区块链分片技术

用传统术语来说，分片（Sharding）是一种分区和管理数据库方法，它涉及将大量数据拆分成较小的部分，从而使数据更易于管理，这用于实现可扩展性以及改善数据库的整体性能。较小的数据库可实现资源的有效分配，这有助于降低成本并为提升有效容量水平铺平道路。

区块链分片技术通过将共识网络切分成多个独立进行共识的网络，使得多个分片独立并行地进行共识，从而达到区块链系统性能线性扩展的效果，使其不容易达到瓶颈。

当然，分片也导致了分片间数据同步效率低、分片形成时拜占庭节点聚集导致分片共识安全性下降等问题，而基于 DAG 技术重新设计区块链的数据结构并改进共识协议，则是解决方案的同步延伸。

当前的区块链主要有网络分片、交易分片、状态分片三种分片方式。不同的分片方式都有它们自己独特的优势，一般来说，网络和交易分片更容易实现，而状态分片更加复杂。同时在网络和交易分片中，每个节点存储着系统的全部状态，所以各个分片之间不需要频繁地交流去确认其他分片的状态。对于状态分片，显然最大的优势是它解决的日益庞大的存储问题。但是它们各自也存在很多潜在的挑战，有些挑战很容易克服，而有些挑战却很难克服。下面，我会讨论不同的分片机制存在的一些挑战和它们的可行性。

一、网络分片（Network sharding）

网络分片的第一个也是最重要的挑战是分片的创建。需要开发一种机制来确定哪些节点以安全的方式驻留在哪个碎片中，以避免有人可能通过对特定碎片的大量节点进行控制的方式对系统进行攻击。

击败对手的最佳方法（至少在大多数情况下）是通过随机性。通过利用随机性，网络可以随机地对节点进行分配从而形成分片。随机抽样可防止恶意节点过多地填充单个分片。

但是，仅使用随机机制将节点分配给分片是不够的，还必须确保分片中的所有成员都是获得系统确认后加入的。例如，可以通过工作证明（Proof of Work）来实现对节点身份的验证。只有能提供工作量证明的身份才能加入网络。

二、交易分片（transaction sharding）

交易分片比直觉上想象的要复杂。假设在类似比特币的系统中引入交易分片（没有智能合约），系统的状态是使用 UTXO（Unspent Transaction Outputs）定义的，网络由分片组成，并且用户发出了一笔交易。这笔交易有两个输入和一个输出。现在，该如何将此事务分配给分片？

最直观的方法是根据交易哈希值的最后几位来决定被分到哪个分片。例如，假设我们有四个分片，哈希值的后两位为00、01、10、11的交易会被分别分配给第一、第二、第三、第四个分片。这样做最大的好处在于交易可以在单个分片中被验证，不需要跨分片通信。但是，如果用户是恶意的，他可能会使用相同的输入创建两笔不同的交易，从而造成了双重花费（double-spending，双花）。如果两笔交易被分到了不同的分片，那么两个分片都会认为自己手中的交易是有效的，从而造成了双花攻击。

为了防止双花攻击，在验证过程中，分片必须相互通信。事实上，由于双花交易可能落在任何分片中，因此接收交易的碎片必须与每个其他分片都进行通信。这样的话，通信开销可能会破坏交易分片的扩容效果。

但是当我们利用基于账户（Account-based）的节点时，问题会迎刃而解。每个交易都将具有发件人的地址，然后可以根据发件人的地址将其分配给对应的分片。这确保了造成双花的两笔交易将在同一个分片中得到验证，这样，双重花费可以在没有任何跨分片通信的情况下轻松被发现。

三、状态分片（state sharding）

状态分片是所有分片提案中最具挑战性的。状态分片的第一个难题是频繁的跨分片通信和状态交换。由于每个分片只存储系统的部分状态，分片之间不得不通过大量通信来获取存储在其他分片中的信息，只有这样才能验证交易是否有效。例如，在一个 UTXO 模型的区块链系统中，某一笔交易可能有多个输入（input），而这些输入可能存在于其他的分片中，输出分片必须和所有的输入分片通信确认用户提供的输入是否有效，这会造成大量的通信成本。那么在一个基于账户的系统中也同样需要大量的跨分片通信。所以如何确保跨分片通信成本不会超过状态分片的所获得的性能增益仍然是一个值得深入研究的问题。

对于跨分片交易（cross-shard transaction）的解决方案目前有四种值得探讨，它们分别是 OmniLedger、Rapidchain、Harmony 和 Elastico。他们提出的解决方案各不相同，有各自的优点。

状态分片的第二个挑战是数据可用性。例如，由于某种原因某个分片可能受到攻击而导致脱机，由于系统的状态没有在所有分片中复制，因此网络一旦有交易的输入是来自脱机的分片，那么这笔交易将无法得到验证。这样，区块链很有可能变得不可用。这个问题的解决方案是维护存档或备份节点，以帮助网络进行故障排除并从数据不可用中恢复。然而，那些节点将必须存储系统的整个状态，因此可能引入集中化风险。

最后，在任何分片机制中都要考虑的另一个难题（不特指状态分片）是为了确保分片不是静态的，为了抵御攻击和故障，网络必须接受新节点并以随机方式将它们分配给不同的分片，并且随机驱逐旧的不活跃节点。换句话说，每隔一段时间网络必须重新洗牌。

然而，在状态分片的情况下分片的重新配置更加棘手。由于每个分片只维护一部分状态，因此一次性重新洗牌可能会导致整个系统不可用，直到某些同步完成。为了防止中断，必须逐步重新调整网络，以确保在逐出节点之前每个分片都有足够的旧节点。类似地，一旦新节点加入分片，就必须确保节点有足够的时间与分片的状态同步，否则新加入的节点将完全拒绝每一个交易。Rapidchain 分片协议中有一个委员会重组方案，叫作有界的布谷鸟原则（Bounded Cuckoo Rule），它可以更加高效地进行分片委员会重构，并且同时可以防止恶意节点控制某个分片的行为发生。

第三节　其他提高扩展性的技术

一、改进现有的共识算法提高性能

区块链存在的性能瓶颈是区块链实际落地使用的最大障碍之一。在当前公有链平台中，以比特币平台的 PoW 和以太坊平台 PoS 为典型的公有链共识算法本身导致了系统性能存在瓶颈。PoW 共识采用解决数学难题的方式来竞争获取记账权，进而获得对交易进行排序的权利来解决分布式账本的数据一致性问题。获得记账权的节点向网络中发送区块，等待其他节点将该区块添加到区块链上，当该区块后面有 6 个或以上区块对其进行确认，该区块最终确认不可篡改。

PoS 共识采用抵押保证金（stake）来对一个区块的合法性进行"对赌"，共识节点质押的保证金越多，那么获得记账权的概率越大，如果节点获得记账权并成功将区块添加到区块链上，节点将获得相应的收益。基于 PoW 共识算法和 PoS 共识算法衍生出了一系列新的共识算法，诸如 Casper、Ouroboros、Tezos 等。

在公有链中，无论是 PoW 共识还是 PoS 共识，它们都是通过竞争获取记账权的方式实现数据的一致性共识。在 PoW 中节点往往需要消耗极大的算力去竞争记账权，算力越大获取记账权的机会越大，于是人们为了算力最大化加入矿池共同分配挖矿收益，然而矿池的出现也带来了算力中心化的问题，这也违背了区块链去中心化的核心理念，在 PoS 中虽然摒弃了利用算力提供证明的方式转而采用基于最大权益的证明（stake）来竞争记账权，但是这种基于竞争的共识方式仍然不能达到生产级别的性能要求。

目前，对现有共识算法的改进工作有很多，公有链中有 Bitcoin-NG、EOS、Ripple 和 Stellar 等相关工作，在 Bitcoin-NG 中为了解决比特币系统吞吐量低和确认交易延迟大的问题，将比特币挖矿出块的过程进行细分，然后把区块分为核心区块和微区块。而 DPOS 采用的委托权益证明的共识机制，其主要思想是全网节点通过权益押注的方式选举出一个共识集合，并委托该集合的节点出块，从而提升共识性能。Ripple 共识机制是通过信任节点列表——UNL（Unique Node List）实现。

联盟链一般采用拜占庭类共识，这类共识机制通过投票的方式达成共识，而非像公有链一样采用竞争记账权的方式达成共识，所以能够实现更加高效、更加节省能耗、更加安全的区块链应用。同时联盟链具有的多中心化、准入机制、权限管理等特点正好与当前各行业的应用区块链技术的实际需求契合，因此对联盟链的性能瓶颈问题的解决对区块链技术的应用落地有重大意义。

在联盟链中 BFT 类共识取消了对记账权的竞争使得共识效率大大提升，但是由于采用区块链技术是基于 P2P 对等网络，所以当区块链系统的网络规模增大时，共识的消息量以 $O(n^2)$ 的规模增长，同时也导致了共识性能的下降，从而影响区块链性能。同时，联盟链中交易的处理时间要比在中心化场景中的处理时间长得多。在网络节点规模增大的情况下，基于投票的共识机制会导致网络性能下降，在极端情况下会导致系统瘫痪。

联盟链中通常采用基于投票的共识机制——BFT（Byzantine Fault Tolerance）类共识。在联盟链中基于投票的 BFT 类共识算法，对其改进工作也有很多，如 Raft、DBFT、RBFT、Tendermint、SBFT 等。

二、采用跨链提升区块链的性能

跨链分为多链和侧链两种方式。

多链，就是采用多个链并行的方式进行交易。相较于单链方式，多条链并行的 TPS 一定是大于单链方式的。但随着交易量的增加，跨链数据的互通需求随时增多，一笔资金可能在多个链上进行流转，一个账户也会在多个链上产生交易，这些会带来管理难度的极大提升。所以，多链并行的实现中，计算 TPS 往往是简单的累加。随着预言机等跨链技术的成熟，多链势必会有较大的发展前景。

侧链技术也被称为"链下状态通道"（off-chain state channel），是在用户间搭建临时线下交易通道，所有中间交易都发生在链下，主区块链上仅验证最终状态，解决同一对用户的频繁交易给区块链系统带来的 TPS 压力，间接提升区块链系统的可扩展性。例如，有两个用户一天内多次交易，但是当一天结束时，却发现双方发生了 1000 多次交易，来往金额刚好相抵归零，这正是侧链技术最适合运用的场景。其代表项目有闪电网络（Lightning Network）和以太坊的雷电网络（Raiden）。不过需要强调的是，侧链虽然帮助区块链系统减轻了压力，但它的 TPS 数量其实不应该计入区块链系统的 TPS。

第七章 区块链技术的引入及区块链征信的功能

区块链技术的引入及区块链征信的功能知识结构导图如图7-1所示。

图7-1 区块链技术的引入及区块链征信的功能知识结构导图

第一节 区块链技术引入征信业的原因

技术上的天然契合，成为区块链技术融入征信领域的根本原因。比如，区块链的Hash算法可应用于征信数据存储；非对称加密可应用于数据保密；公私密钥、数字签名可保证征信数据共享；时间戳可追溯交易记录；默克尔树可用于压缩征信数据空间。

将区块链技术创新应用于征信业务各环节，是新兴的金融科技公司、征信机构新趋势。

一、提高数据采集存储效率

社会经济体系中充满了关于企业或个人的各种信息，这些信息来源于不同部门、单位、平台，且形成了浩瀚的时间信息流。穷尽一个团队（更不用说个人）的力量，也不可能查证到一个企业或个人的全面完整信息。

在我国的征信领域，有官方数据平台、100多家备案征信机构、数以千计的信息中介，各自拥有不同领域的数据。在网络中存储的数据，常以PB为单位，远远超过单机所能容纳的数据量，因此必须采用分布式的存储方式，分散采集、分布式存储是征信数据的天然状态。区块链技术使数据采集不必再向中心传输，节约人力、物力，节省社会资源，区块链技术可以实现信用评估、定价、交易、合约执行的全过程自动化运行，其点对点互联技术实现了业务流程的简化，使共享征信模式成为可能。

二、破解"信息孤岛"难题，实现大数据征信

（一）为破解"信息孤岛"难题提供技术

金融信用信息基础数据库、政府公共信用信息数据库和第三方征信机构数据库是我国大数据征信数据的主要来源。然而，"信息孤岛"是征信领域长期难解问题。

孤岛的形成，主要是市场竞争导致的。征信机构或大数据平台的信用信息均是自身的业务积淀，得之不易，在没有得到价值补偿时，各组织或部门将独占信息，以获取竞争优势。孤岛的形成，也有技术原因。社会信用体系建设前期，金融、工商、海关、公安等部门根据自身特点和需要，拥有各自业务中产生的信息，由于数据库及交互软件不统一，难以汇聚碎片化的数据。

征信机构间的共享主要有两个层面：一是数据共享；二是信用产品共享。区块链技术可以保证不改变数据权利，实现有条件共享。在实现数据共享的过程中，自然消除"信息孤岛"现象。

只有数据信息权属清晰，解决数据孤岛问题才有前提和基础。区块链在技术层面则可以保证在有效保护数据隐私的基础上实现有限度、可管控的信用数据共享和验证。

（二）为实现大数据征信提供技术

大数据征信中的数据主要来自网络交易、经商等经济和社会活动过程中。与中国人民银行征信相比，在数据来源、数据内容、数据处理方式、信用信息的应用领域等各方面有所不同。

大数据及互联网技术保障了征信行业的跨越前进，大数据给征信带来的机遇体现在主体信息源广泛、内容多维度，摆脱了对单一数据来源的高度依赖性。互联网技术的进步使征信机构的信息处理能力大幅度提高，征信应用场景也不断拓展。

权威研究机构 Gartner 最早于 2001 年提出大数据的定义："大数据"是需要新处理模式才能具有更强的决策力、洞察发现力和流程优化能力来适应海量、高增长率

和多样化的信息资产，但直到 2009 年大数据这个说法才逐渐在互联网行业中推广。Gartner 从大数据的特征出发，提出了大数据的 4V 理论即数据的规模性（volume）、数据的多样性（variety）、数据的高速性（velocity）以及数据的价值性（value）。

大数据分析技术在美国 FinTech（金融科技）发展中起到了关键性作用。FICO 信用评分虽然明确易懂，但仍然不足以满足信用评估的需要。很多 FinTech 公司没有大数据可分析，受"公平信贷"条款的约束，不敢把一些可能有歧视嫌疑的数据用于分析信用，如年龄、性别、种族、大学等。而没有大数据分析做支撑，一些 FinTech 公司的竞争优势就仅限于运营流程或者市场定位。

在征信的权威性和信息的安全性方面，大数据个人征信不如传统征信，但在数据来源的及时性、数据内容的广泛性、数据处理的及时性和应用领域的多样性方面，大数据个人征信均具有不可动摇的优势。

传统的个人征信机构所采集的信息主要是金融机构的信贷信息，而基于大数据的个人征信机构则要广泛得多。大数据征信与传统征信比较如表 7-1 所示。

表7-1　大数据征信与传统征信比较

比较项目	大数据征信	传统征信
理念	开放思维	闭环
操作主体	企业	政府部门、行业协会
覆盖面	无限制	受限（主要在授信）
信息质量	需"清洗"	真实、公信力强
信息速度	更新快、近于实时	有时滞
数据来源	主要来自互联网，突破"金融属性"	金融机构（官方）强制登记
采集方法	网络、线上为主	实地采集
采集渠道	电商数据 互联网金融活动 合作关系和用户自主上传信息 社会网络 合作企业 合作机构 ……	金融机构 政府机关（如下） 市场监管局 税务局 公安局 质监局 供应链 交易对手 ……
技术	云计算、数据模型、计算机程序 IT 技术 + 大数据业务平台 + 数据挖掘	数据库信息汇总

比较项目	大数据征信	传统征信
评估分析原理	大数据、综合、实时、动态	汇总、过往数据
数据处理	机器智能学习 相关性分析	简单线性
评估方法	10 多种评估模型	20 多个指标
评估变量	70000 多个 ①	较少
标准化	否（企业个性特色）	是
应用场景	求职、出行、生活服务、租车租房、金融、 通信、交通、银行卡办理、签证、婚恋、 保险办理	金融领域
信用描述	行为习惯、消费偏好、履约能力 客户信用历史、社会关系	金融活动履约能力
评估方法	10 种不同的评估模型	20 个左右指标
数据处理方式	机器学习技术、相关性分析	简单线性分析

数据与技术只是征信的手段和工具，目的是通过数据挖掘来获得消费者已有的或潜在的信息，从而进行更准确的信用评估。

三、提供信息溯源手段，降低信息搜寻成本

区块链技术提供了便利的溯源工具。

分布式数据共享打通了多个信用数据库之间信息交互渠道，基于区块链民主化的同时，又可以产生经济效应的利益共同体，提供了社会各方可能的参与途径及动力，有助于征信机构以低成本方式拓宽数据采集渠道，并消除冗余数据，规模化地解决数据有效性问题，降低用户对信用信息的搜寻成本、组织协作成本。

四、提高征信系统运维效率

降低了数据管理难度。区块链技术为数据信息区块的封装、分布式存储、上网公示等提供了便利，解决征信系统集约式管理下管理中心负担重、效率低的弊端。

提高了数据确权效率。借助区块链的去信任特征，进行网络数据确权，减少了线上线下的官方认证环节，节约时间、认证成本。同时，信用数据的资产归属明确，

---

① 数据来自 Crosman 的《关于传统征信与大数据征信的比较》，ZestFinance 大数据征信评估模型。

责任清晰，也能够遏制信用数据造假，保证信用数据的真实性。

提供全息查询服务。区块链征信的价值体现在为授信企业提供方便快捷的、低成本的信息查询，缓解由于信息不对称而产生的授信瓶颈，提高借贷活动效率。

有助于征信业务标准化建设。区块链技术将提高信用信息处理的标准化、信用产品的标准化，提高信用信息数据平台的使用效率，满足用户对征信数据全面性、相关性、即时性的要求。

五、提高信息安全等级

2013 年 11 月，中国人民银行发布的《征信机构管理办法》第三十条规定："征信机构应当按照国家信息安全保护等级测评标准，对信用信息系统的安全情况进行测评。征信机构信用信息系统安全保护等级为二级的，应当每两年进行测评；信用信息系统安全保护等级为三级以及以上的，应当每年进行测评。"

区块链多应用 RSA 非对称加密算法，该技术极难通过遍历所有可能的密钥来破解，大大地保证了个人征信系统的安全性，能够有效杜绝信用数据的非法篡改，大大提高了数据库保密水平，有利于保护用户隐私。

六、创建价值转移平台，助推征信业务市场化

区块链征信促进交易方最小化查询成本和管理风险，加速信用数据的存储、转让和交易，真正实现了互联网大数据平台由"信息平台"向"价值平台"的转化。随着征信业务市场化水平提高，极大改善现有社会营商环境。

第二节 区块链征信的功能

一、交易信息的归集与溯源

在社会经济体中，时刻都有数以万计的企业、个人在相互交易，如何记录这些交易实情，生成信用信息，并高效应用于授信活动，是征信区块链技术落地的意义所在。

未来我国征信市场将呈现"政府＋市场"双线并行格局（公共征信平台和市场化征信机构同时并存），两者互补共存，共同提高社会信用管理水平，征信市场则是

区块链征信的主要应用场所。

区块链征信是在征信体系中，尤其是在民营征信平台，以联盟链方式将合规私营征信机构纳入市场化区块链系统，每个民营征信机构均作为一个网络节点，以市场规则运营，合法、间接共享客户的信用信息，突破"数据孤岛"瓶颈，实现信用资源的共建、共享、共用，补齐当前由政府主导的征信机制短板。

区块链征信归集与溯源如图 7-2 所示。

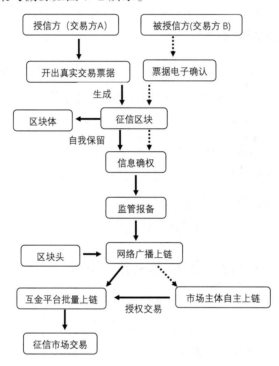

图 7-2　区块链征信归集与溯源

二、征信数据产品授权

长期以来，由于征信数据流通方、加工方、使用方的分离，征信数据二次交易没有手段稽核及管控、无法实时校验授权真实性的原因，征信数据交易授权长期还停留在纸质协议的手段上，在技术层面并没有过多的进展。

而区块链系统内的交易公开透明、安全可靠、难以篡改，并且自带时间戳属性，为征信数据交易授权提供了可能。

在区块链征信系统内，由数据供给方向征信数据需求方授权。数据采集与加工的过程中，可以对授权文件进行同步流通与校验，从而实现实时校验、实时授权，达到对交易的真实性、二次交易稽核及管控的目的。

三、金融业务授信

（一）贷款审批

当借款人向金融机构申请贷款时，金融机构可要求借款人授权向区块链征信系统申请信用查询。区块链系统的分布式存储可向多种类型的公司、平台申请检索与汇集，丰富查询内容，为授信业务提供依据。

（二）线上信用卡审批

消费者向银行申请办理信用卡时，银行可以向区块链征信系统发出资质核对请求，区块链技术将助力查询提速、提高查询质量，综合判断是否发卡或者确定审批额度等。

（三）贷后管理

金融机构在发放款后，根据贷款合同要求，追踪资金流向，通过区块链系统监控借款人资金使用情况。同时，借款企业（个人）也可借助区块链系统实时了解自己的商业交易对手信用变化，提高商账催收效率。

四、全息征信查询

区块链技术为全息征信查询提供了技术基础。

（一）自我查询

中国人民银行征信中心允许个人每年两次免费查询，用户可不定时自查征信记录是否正常无误或者被冒用等。区块链征信系统内可实现政府征信平台信息查询、各大数据平台等多渠道信息查询，并做到查询留痕。

（二）异议查询

当发现信用报告中信息存在错误或遗漏时，向金融机构提出异议申诉。比如，可以依法修复的信用记录，网贷失信记录，负面信息，网黑指数分，法院判决信息，网贷与信用卡授信预估额度等。

知识拓展：全息征信

全息征信（图 7-3）即通过互联网、大数据、云计算、区块链、AI 等现代技术实现的对借贷双方的全面信息征信，不但了解借款人的信用情况，而且了解投资人的信用情况。尤其是在中小微企业投融资活动中不仅强调对投融资双方的征信，还要求对双方进行全面征信（正负面信息能收尽收），这与传统征信的含义明显不同。

现代征信数据追求多维度全息信息，在数据采集过程中，多用 Python 技术，高水平大数据平台可以实现多维度信息对用户精准画像，基于用户身份（年龄、星座、职业、会员级别、性别）、位置（常住地、活动范围、归属地）、行为、流量使用、交友圈（主叫、被叫）、活跃度、消费（缴费、付费类型、消费水平）、兴趣（URL、App、关键词）、终端偏好等精准定位目标客户群体，为企业提供客户二次触达解决方案。

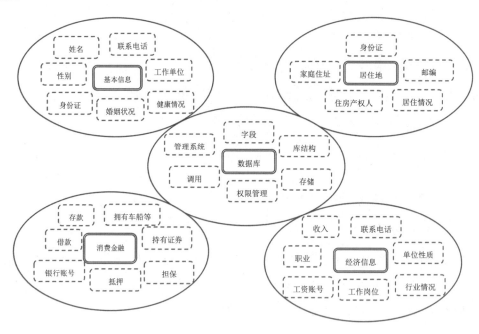

图 7-3　全息征信

五、线上资质证明

（一）担保或保证的资质证明

在为借款人进行担保或保证时，担保人可利用区块链征信系统提供自己的信用情况，如担保人的资金借贷情况，是否有多头担保等。

（二）经济能力证明

在工作和生活中，通过区块链征信系统信息，证明企业或个人的经济能力。比如，各种小额消费，可能不在征信机构数据抓取能力内，但可能在一些网络平台中出现，也能够提供重要的线索。

（三）其他证明

1. 司法查询

政法部门在审理案件的过程中，为了核实情况，多使用征信报告，引入区块链征信技术将为全息征信提供保障。

2. 公务员聘用

公务员聘用资格审查时，用于证明自己的验证材料，出具个人征信报告。

第八章　区块链征信的应用与开发

区块链征信的应用与开发知识结构如图 8-1 所示。

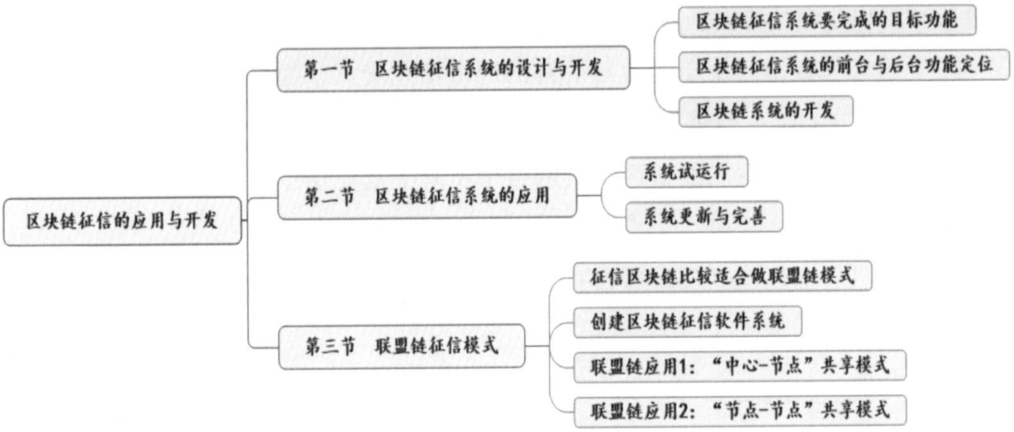

图 8-1　区块链征信的应用与开发知识结构导图

第一节　区块链征信系统的设计与开发

自 2018 年以来，征信行业展开了大规模的区块链应用探索，但多数是对原理和设计进行勾画，内容多是头脑风暴型区块链应用展望，能够落地实施的少，至今尚无权威性成果。

其原因是多方面的，一是专门从事征信的企业少，具备深度研发能力的更少；二是国内企业征信业务营利性差，难以支撑持续的科研投入；三是区块链技术是一门综合性、理念性强的技术，发散性强，并不是直接把以太坊、超级账本等"拿来"即可用的。

下面介绍一下已有的实践成果。

一、区块链征信系统要完成的目标功能

见本书第七章。

二、区块链征信系统的前台与后台功能定位

（一）前台功能

前台是展现层，是用户直接能看到的页面，所有人都可以访问。区块链的前台

用于对区块链的维护和管理，主要包括用户注册、登录和验证、用户注册资料的修改更新和用户注销等功能。此外，还应当具备以下功能：

（1）请求与查询。用于前台与后台的网络信息交互，通过交易请求和查询请求两种功能，实现自动执行链上代码信息传递。

（2）节点信息配置。配置区块链网络中所有节点的信息，使其能正常与后端进行网络交互。

（3）信息通道创建。实现后台直接对区块链进行通道的创建、配置和节点加入等功能。

（4）其他。

（二）后台功能

后台是有权限的运营人员或特殊用户用权限登录后才看得到的页面，除了能看到其他人看不到的数据信息外，在后台还能控制前台显示给用户看的内容。

在联盟链征信系统后台可以划分为几个模块：身份管理、权限管理、信用档案管理、授权管理、加密、区块链客户端以及日志管理。

三、区块链系统的开发

（一）选择工具软件

当前，区块链前端的开发工具多采用 HTML、JavaScript、Bootstrap 等，在后台的处理系统则多以 Spring 为框架，以 SQL 数据库为辅助，区块链网络部分采用超级账本 Fabric 部署。

知识拓展：常用开发软件

区块链技术使用什么开发语言？这可能是现在许多区块链程序员最关注的问题，以下是几个区块链技术的主要开发语言。

1. Java

Java 是一种面向对象的编程语言，不仅吸收了 c++ 语言的优点，也抛弃了在 c++、指针等概念中难以理解多重继承的困难，因此 Java 语言具有强大且易于使用的两个特性。作为静态面向对象编程语言的代表，Java 语言完美地实现了面向对象的理论，允许程序员用优雅的思维方式进行复杂的编程。

Java 的特点是简单、面向对象、分布式、健壮、安全、平台独立性和可移植性、多线程和动态。Java 可以编写桌面应用程序、Web 应用程序、分布式系统和嵌入式系统应用程序。

2. JavaScript

JavaScript 是一种具有函数优先的轻量级，解释型或即时编译型的编程语言。虽然它是作为开发 Web 页面的脚本语言而出名的，但是它也被用到了很多非浏览器环境中，JavaScript 基于原型编程、多范式的动态脚本语言，并且支持面向对象、命令式、声明式、函数式编程范式。

JavaScript 在 1995 年由 Netscape 公司的 Brendan Eich，在网景导航者浏览器上首次设计实现而成。因为 Netscape 与 Sun 合作，Netscape 管理层希望它的外观像 Java，因此取名为 JavaScript。但实际上它的语法风格与 Self 及 Scheme 较为接近。

JavaScript 的主要功能有以下几个方面。

（1）嵌入动态文本于 HTML 页面。

（2）对浏览器事件做出响应。

（3）读写 HTML 元素。

（4）在数据被提交到服务器之前验证数据。

（5）检测访客的浏览器信息。

（6）控制 Cookies，包括创建和修改等。

（7）基于 Node.js 技术进行服务器端编程。

3.C++

C++ 传承了 C 语言的优点，它既可以使用 C 语言进行程序设计，也可以抽象数据类型，作为基于对象的编程的特征，能够承担面向对象编程的继承和多态性。C++ 擅长面向对象编程，执行基于流程的编程。

4.Go 开发语言

Go 是一种新的语言，快速编译的语言。它具有以下几个特点。

（1）速度快。在计算机上编译一个大的 Go 程序几秒钟。Go 提供了一个软件构建模型，使依赖分析更容易，并且避免了大多数 C 语言风格的开始，包括文件和库。Go 是一种静态类型的语言，它的类型系统没有层次结构，因此不需要用户花时间在定义类型之间的关系上，这使得他们感觉比典型的面向对象语言更轻量级。

（2）兼容能力强。Go 是一种编译语言，它结合了解释语言的灵活性、动态类型语言的开发效率和静态类型的安全性。它还将成为一种支持网络和多核计算的现代语言。

（3）完整的垃圾收集功能。为并发执行和通信提供基本支持。它为多核机器上的系统软件的构建提供了一种方法。

（二）规划系统框架

区块链网络是一个 Peer to Peer 的网络。由于区块链的网络体系中不存在中心化的服务器和多层次结构，所以，从理论上讲，链上每一个节点的权限都是对等的，各个节点共同提供网络服务，同时各节点也是客户端和服务器。见图 8-2。

图 8-2　区块链系统架构

应用层：面向征信数据交易的具体应用场景，为征信数据供给方、征信数据需求方、监管机构、征信信息主体提供相应的信息流。通过与应用层的交互，征信数据供给方、征信数据需求方可以进行高效的征信数据交易；监管机构可以获悉平台中详细的交易记录，为平台良好健康地运行提供保障。

其中关键的一点是：征信信息主体可以追溯授权记录，确保自身信息的安全性。

合约层：以智能合约为核心，以各类的脚本代码、算法机制为重要补充。智能合约包括交易合约、监督合约、授权合约、仲裁合约等。各类合约可以保证相应的交易，在不受外界因素干扰的情况下高效地执行。

共识层：封装整个系统的共识机制。PoW 工作量证明机制、PoS 权益证明机制、DPOS 委托权益证明机制、分布式一致性算法是目前区块链最常用的四种共识机制。

共识机制保证系统在受到恶意节点的攻击或者节点的意外损害时，不影响整体系统的安全。系统的共识机制一般采用拜占庭容错算法，其优势在于收敛速度快、响应时间快、技术成熟等，较适合征信领域的联盟链。

同时，可信任的多行业征信交易联盟链也有效保证了恶意节点不会超过三分之一，确保系统的安全性。

网络层：封装了征信交易平台的网络协议、网络接入和身份验证等要素。P2P 网络协议使平台中各个节点以扁平式拓扑结构互相连通。身份验证机制确保监管机构可以了解每个节点的身份信息。网络接入管理机制确保平台中的各个节点可以稳定地相互连接，并且进行征信数据的交易。

数据层：在征信数据交易平台中的各个节点都可以根据特定的 Merkel 树和 Hash 算法，将某时间段内产生的交易数据加载至数据区块中，并且连接到前一个区块。在这个过程中，主要涉及 Hash 算法、时间戳、链式结构、Merkel 树。

1. 系统的前端与后端

（1）前端。可用于区块链前端开发的工具有 Drizzle、MetaMask、Ganache CLI、Ethlint、Heroku 等。

传统的前端开发一般是每一个小的服务功能请求一个接口，所以整个 web 应用中会有许多接口，这样的好处在于，每一个接口中的数据字段都不会太多，方便理解和使用。

区块链的前端开发通常只有一个 HTTP 或 WebSocket 接口，所有与区块链的交互服务都通过这一个接口来完成。这种结构大大增加了前端在数据处理上的复杂度——不仅字段非常多，杂糅在一起使得理解和管理更加困难，而且经常需要将数据跨路由共享给其他的路由界面。

如果说传统的前端开发，我们依然可以不用前端框架完成好开发的话，那么，对于区块链应用的前端开发，不用 React.js、Vue.js、Angular.js 已经变得几乎不可能

（即便能写出来，可维护性也非常差）。若没有像 Redux、Vuex 这样的状态管理工具来进行状态管理，处理起来就真的非常困难了。

在框架的选择上，尤其是当你准备开发非常复杂的区块链应用时，目前 React.js 最为合适。

在前端开发中还面临以下挑战：数据字段繁多，含义复杂，需要逐一理解；用到新模块、新语言、新工具，难度大；社区还不成熟，能获得的支持少等问题。

（2）后端。用于区块链后端开发工具有 Visual Studio Code、Truffle、Embark、Ganache、Dapp、Infura 等。大多数区块链工具都是在 Node 上制作完成的。

区块链的后端开发与传统的系统后端开发有较大不同，如智能合约的开发过程与网站或移动应用程序的常规开发过程就有很大的不同——不仅仅工具和框架不同，方法也是不同的，涉及如何以协作的方式开发智能合约、适当地测试它们、实现持续集成并将它们驻留在生产环境中。

2. 规划节点系统

在完成系统框架设计后，就要着手规划网络节点。一般来说，在系统中，可设置普通节点、排序节点、管理节点三种不同性质的节点。

普通节点之间地位对等，且以扁平式拓扑结构相互连通和交互；不存在任何中心化的特殊节点和层级结构；每个节点均会承担网络路由，验证区块数据，传播区块数据，发现新节点等功能。所有普通节点都属于同一个管理域，管理域下设若干个"组织"，每个组织则下设主节点、背书节点、记账节点，同时，这些组织都加入一个应用通道中，组织中的第一个节点负责与其他的组织通信，这个负责通信的节点又称为锚节点，因此所有的节点都能通过域名互相访问。

管理节点能生成相关的启动文件并在启动后作为操作的客户端来执行相应操作命令。

3. P2P 组网

区块链系统的节点一般采用对等式网络（Peer-to-peer network）来组织散布于全网的数据验证和记账的节点。

知识拓展：前台后台与前端后端

前台 / 后台，指的是具体页面。前台，是用户直接能看到的页面，所有人都可以访问。后台，是有权限的运营人员或特殊用户（如淘宝卖家）用权限登录后才看得到的页面，除了能看到其他人看不到的报表外，在后台还能修改前台显示给用户看的内容。

前端 / 后端，很多时候指的是人，即前 / 后端工程师。衍生含义为——前 / 后端工程师的工作内容。

不严谨的说法是，前端是写代码给浏览器看的，后端是写代码给服务器看的。

在一些语境下，可以模糊地称"前台约等于前端，后台约等于后端"。

第二节　区块链征信系统的应用

作为一门新兴的技术，除了比特币之外，成功落地的区块链征信系统并不多，主要是区块链底层协议的成熟度和稳定性都还有缺陷。长期来看，掌握底层核心技术研发及优化能力的团队更有机会成长为底层技术和协议开发的平台公司，基于对征信业务功能和安全性及应用场景开发联盟链，增加实践应用。

在系统开发完成后，要继续完成以下两个步骤：系统试运行；系统更新与完善。

一、系统试运行

（一）创建节点目录

节点是指一台电脑或其他设备，与一个独立的地址和具有传送、接收数据功能的网络连接。节点可以是工作站、网络用户或个人计算机，也可以是服务器、打印机、其他网络连接设备。

节点在功能上分为主节点和从节点。主节点只有一个，用来生成区块链，其他节点称为从节点，从节点会同步主节点的区块。主节点设定后，其下有配置类文件、数据类文件、日志文件、联盟链文件等。

（二）生成节点地址

节点地址也称节点编号、节点标识。每一个节点有唯一的编号和节点标识，有独一无二的节点号，在表现形式上节点就是由一串字母和数字组合而成的字符串。

在区块链征信系统中，需要下载相应的安装包，通过运行安装包，生成节点地址（节点编号）。

（三）信息加密

就每笔交易内容，相应节点通过随机数发生器生成私钥——每个私钥是唯一的，作为节点账户的钥匙，相当于银行卡密码。私钥生成后，通过非对称加密技术生成公钥，这样就形成了钥匙对，私钥用户自己保存，公钥在系统内公开。

（四）创世区块

创世区块是区块链中第一个被创造出来的区块，创世区块创建时一般需要同时创建的元素包括共识机制、创造本区块的矿工地址（包括该区块的节点地址）、创世区块地址、区块大小、区块产生的时间间隔、每个区块被记录时给予矿工的奖励。

（五）运行节点

创世区块生成后，发布到链上。各节点开始同步运行，在创世区块之后各自增加区块，依照规则生成区块链。

矿工接收广播出来的数据块，然后计算当前最新的哈希链的头部，当成功计算出了一个符合要求的 Hash 后，矿工就告诉所有人，自己找到了，让别人再去计算下一个哈希头部。

二、系统更新与完善

（一）验证节点信息是否同步

首先，查验系统的运行情况，通过比对各节点生成的数据，验证节点的同步情况，同时，与系统自动生成的报告数据校对，查看数据是不是同步最新的，链条高度是否一致，各节点能否查到所有交易记录。

（二）增删改查

根据出现的问题对系统进行修订与完善，即进行"增删改查"。一般来说，一个完善的系统需要反复的"运行—查错—修改"过程，试运行成熟后，才能投放市场。

知识拓展：区块链征信系统的信息查询与验证

在用户数据摘要匹配阶段，有征信数据需求的机构计算目标用户的 Hash 值，得到目标用户的信息密文，将密文索引值发送至征信数据交易平台后，平台解析用户密文，检索在区块链中是否存在对应目标用户的信息，并返回结果。

如果存在目标用户的摘要信息，开始征信数据获取阶段，征信数据需求方选取一个或多个用户摘要信息，并向其中数据提供方地址发送请求和本次请求使用的公私钥对。数据提供方收到请求后，获取公钥信息后验证签名。数据提供方从数据库中按照自身所在行业的标准数据格式进行提取，再使用数据需求方的公钥进行加密后，用自己的私钥进行签名。最后发送至数据需求方。

在验证用户数据阶段，为了防止单一数据源提供征信信息的局限性，以及用户只针对自己有利的征信信息进行授权等问题。征信数据需求方获取多行业的征信数据进行定性的验证（多行业征信数据可能存在差异，故仅做定性验证）。信用定性验证的条件是在用户信用良好的情况下，多行业的信用应基本保持良好状态，反之亦然。如果用户屡次无理由不进行授权，则用户可能存在信用风险，故征信机构可适当降低其信用评级。

最后，征信数据平台中生成交易概要记录链。各个机构都可以对此进行下载和查询，以对平台和其他的各个机构进行监督。同时，监管机构可以用交易链信息和备案信息互为参照，确保交易信息的完整有效。

第三节　联盟链征信模式

一、征信区块链比较适合做联盟链模式

当前，区块链底层平台设计有公有链、私有链（专有链）、联盟链三种，使用不同的收费模式。去中心化程度最高的是公有链，它不受第三方机构的控制，任何人都可读取链上的数据记录、参与交易以及竞争新区块的记账权；私有区块链的写入权限由某个组织（机构）控制，数据读取权限由组织规定，是一个弱中心化或者多中心化的系统；联盟链介于公有链以及私有链之间，可实现"部分去中心化"。

征信区块链比较适合做联盟链模式。各网络节点（参与者），既是数据查询使用者，也是数据提供者。在链条上的各节点成员包括全部征信用户、第三方征信机构等，这些机构制作的征信产品在交易中形成征信市场。征信机构依据法律规定，在获得用户授权后，实现数据资源的有偿共享①，并分享部分收益。

---

① 共享机制见本书后文论述。

Fabric 联盟链的开发人员主要分为三类：一是底层系统运维，负责系统的部署与维护；二是组织管理人员，负责证书、MSP 权限管理、共识机制等；三是前端则是业务开发人员，负责编写链码、创建维护通道、执行交易等，如图 8-3 所示。

前端	业务开发人员	业务层					
		交易	区块	链码	通道	链结构	账本

后台	组织管理人员	共识机制		
		背书	排序	验证
		权限管理		
		组织	联盟	身份证书

	系统管理人员	网络层				
		网络接入	节点	排序人	客户端	认证	传播

图 8-3 联盟链系统前端与后台开发人员分工

二、创建区块链征信软件系统

政府机构或征信机构设计区块链征信软件系统是前提和基础。通过构建区块链征信软件系统解决征信行业所面临的核心难题——间接共享各机构的信息数据。

三、联盟链应用 1："中心—节点"共享模式

（1）在区块链系统中设置管理中心，管理中心权限高于普通节点，可以监督人身份，管理各节点日常运营。

（2）各数据供给方的原始数据保存在自己的数据库中，把区块头（索引信息）提交到征信机构的管理中心。

（3）有查询需求时，查询人通过管理中心获得索引信息，在授权后，依据区块链指示节点，到供给方原始数据库中获取相应信息。

（4）数据查询方支付费用，数据供给方获得报酬。

具体如图 8-4 所示。

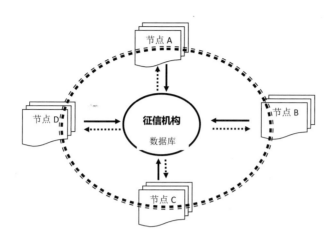

图 8-4　"中心—节点"共享模式

四、联盟链应用 2："节点—节点"共享模式

（1）在市场中，不设置中心节点，各节点权利平等，索引信息全部放置于链上，查询时，供求双方按约定自行收费、付费。

（2）各节点以会员身份，受行业协会或行业自律机构管理。

具体如图 8-5 所示。

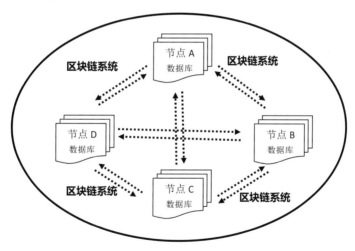

图 8-5　"节点—节点"共享模式

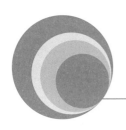

第九章　我国区块链征信的应用情况

我国区块链征信的应用情况知识结构导图如图 9-1 所示。

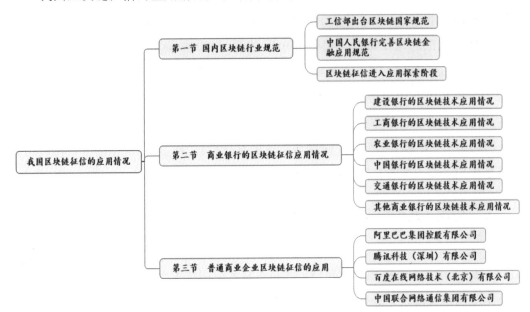

图 9-1　我国区块链征信的应用情况知识结构导图

第一节　国内区块链行业规范

我国的区块链技术应用节奏快、步调明确，其征信应用须从行业规范开始；在征信领域，先后经历了区块链技术研究、区块链技术应用探索、区块链系统设计与应用等过程。

早在 2006 年，我国便发布了与征信数据元、信息分类相关的诸多标准。例如，《全国组织机构代码编制规则》《居民身份证号码》，中国人民银行《征信数据元》的"数据元设计与管理""企业征信数据元""个人征信数据元"等，这些规则为征信标准化工作提供了基础和依据。

一、工信部出台区块链国家规范

2017 年 5 月，工信部发布了《区块链参考架构》《区块链数据格式规范》。

《区块链参考架构》于杭州"区块链技术应用峰会暨首届中国区块链开发大赛成果发布会"上推出，规定了以下内容：区块链参考架构涉及的用户视图、功能视图；

用户视图包含的角色、子角色及其活动，以及角色之间的关系；功能视图包含的功能组件及其具体功能，以及功能组件之间的关系；用户视图和功能视图之间的关系。

总结区块链的典型特征，包括分布式对等、数据块链式、不可伪造和防篡改、透明可信和高可靠性；定义了区块链的三种部署模式，即公有链、联盟链和专有链；规定了区块链服务能力类型，包括基础设施、数据和应用服务能力，以及基于这些服务能力的区块链服务类别。

《区块链参考架构》是区块链领域重要的基础性标准，对推进国内区块链应用具有重要作用。尚未涉及具体行业的应用。

二、中国人民银行完善区块链金融应用规范

2020年2月，中国人民银行公布了《金融分布式账本技术安全规范（JR/T 0184—2020）》，积极推动《金融分布式账本技术应用技术参考架构》《金融分布式账本技术应用评价体系》等有关标准的创建与健全。

2020年7月，中国人民银行下发《关于发布金融行业标准推动区块链技术规范应用的通知》。通知显示，《区块链技术金融应用评估规则（JR/T 0193—2020）》已经全国金融标准化技术委员会审查通过，并开始下发执行。该规则规定了区块链技术金融应用的具体实现要求、评估方法、判定准则等，为金融机构开展区块链技术金融应用的产品设计、软件开发、系统评估统一了要求。

三、区块链征信进入应用探索阶段

目前，国内征信机构正积极将区块链技术探索应用于征信领域，包括新兴金融科技、新兴民营征信及保险在内的金融行业企业与机构，探索测试基于区块链的征信系统，旨在解决传统征信业的痛点。整体来看，区块链的实践应用集中在解决信用数据的交易问题，但技术层面的软件系统设计与现有的征信业体制机制不甚一致，区块链在征信业的落地应用还须持续发力。

第二节　商业银行的区块链应用情况

区块链技术在金融业务方面的应用还处于起步阶段。自2016年开始，国内商业银行的信用业务融入区块链技术，与相关新科技公司合作，发挥区块链技术在授信

业务中的作用，并迅速推广到扶贫、国际贸易、住房租赁平台、电商供应链、高新区服务场景等领域。显然，区块链应用降低了信息采集成本，提升业务效率和经营质量。

2020 年 7 月，中国人民银行上海总部公示了上海金融科技创新监管试点应用（2020 年第一批），在 8 个拟纳入金融科技创新监管试点的应用中，就有 7 个采用了区块链技术。

每个银行有各自的应用场景及运行模式。比如，农业银行发布的国内首个养老金联盟链、建设银行开发的区块链国际银团资产转让平台、浙商银行的"应收款链平台"、浦东发展银行的"基于区块链的小微企业在线融资服务"以及微众银行推出的供应链金融服务平台和多金融机构间对账平台。除了银行的自我研发，多数银行在区块链技术与金融业务结合方面依赖与第三方科技公司的合作。

下面简要介绍五大国有银行及其他商业银行的区块链技术应用情况。

一、建设银行的区块链技术应用情况

建行在区块链领域的应用开发涵盖了九大领域，包括"区块链 + 金融""区块链+ 民生""区块链 + 政务""区块链 + 公积金"等。

区块链技术应用于供应链金融业务。2018 年 7 月，在建行普惠金融战略启动大会上，建行董事长田国立表示，运用区块链技术，促进传统贸易融资向依托产业链的"交易金融"模式跨越，实现资金流、信息流和物流"三流闭环"，持续开展数据挖掘利用，扩大客户服务范围。

区块链技术应用于融资租赁。2018 年 5 月，建行宁波市分行国际部成功办理了宁波市首笔融资租赁项下采用区块链技术的福费廷业务，业务金额 1.48 亿元，开创了分行境内外及跨系统联动新模式，实现了区块链贸易金融业务的新突破，为境内外联动业务发展提供了新思路。

区块链技术助力住房租赁监测与交易。2018 年 3 月，建行依托新一代系统、人脸识别、区块链、大数据等技术，协助雄安新区管委会搭建了住房租赁监测平台和住房租赁交易平台。

创建贸易融资区块链平台。建行贸易融资区块链平台创建于 2018 年 4 月，通过平台实现了贸易融资交易信息传递、债权确认及单据转让全程电子化，减少纸质单据传递，规避非加密传输可能造成的风险，提高业务处理效率。增加了跨链和银行间交易功能，截至同年 10 月，为出口商、银行和非银行金融机构之间处理了超过 535 亿美元的交易。2021 年 6 月，已有 70 多家同业机构加入福费廷、保理、国内信用证等业务生态，通过同业跨链互联互通，形成了国内最大的贸易融资生态圈。

未来，建行将运用区块链、人工智能、信息安全、物联网、大数据和云计算等科技手段为新区城市规划、建设、治理、服务提供全方位智能化智力服务。

二、工商银行的区块链技术应用情况

自 2015 年，工行便着手研究区块链技术，2018 年推出自主研发的"工银玺链"金融区块链技术平台，2020 年发布了银行业首个区块链应用白皮书。基于"区块链＋物联网"技术打造多机构参与的贸易融资平台，连接商户、金融机构、仓储管理、物流公司、监管机构，将交易过程中的货物、单据、物流、监管信息等数据流上链，实现贸易背景真实性验证，强化银行对风险全流程管理，满足企业对在途和仓储实物商品融资的需要。

2020 年，平台通过工信部 5 项可信区块链技术测评。工银玺链获得 150 余项技术创新成果，提交区块链发明专利 82 件，应用在资金管理、供应链金融、贸易金融、民生服务等方面，构建了数十个场景。

在应用推广方面，工商银行已完成业务场景落地 21 个，涉及业务应用近 80 个，服务机构超 1 000 家，涉及资金规模超过百亿元，相关成果荣获了中国人民银行科技创新奖、信通院"年度高价值案例"等多个区块链国家或行业奖项，同时为金融同业输出了工行解决方案。

在资金管理领域，工行打造的雄安征迁资金区块链管理平台，支持各商业银行灵活接入，有效帮助政府实现拆迁资金线上化、透明化管理，成为"智慧雄安"的信息基础设施。

在供应链金融领域，工行运用区块链技术在业界率先推出银行增信无条件保兑产品"工银 e 信"，实现核心企业应收账款在上下游供应商中的信用传递、流转，解决了多级供应商授信问题，降低了企业融资成本。

在贸易金融领域，工行利用区块链技术研发了"中欧 e 单通"产品，通过参与方数据的联通和相互验证，为中欧班列沿线的中小企业融资提供贸易物流信息支持，结算金额已超 4 亿元，形成跨境贸易金融生态圈。

"工银玺链"作为具有自主知识产权的企业级区块链平台，集区块链基础服务、

一站式组网运维、领域级可复用解决方案为一体，大幅提升了工行的数字化金融服务能力。

工行的区块链与生物识别实验室还在 2017 年第四季度推出了首个自主可控的区块链平台，已助力贵州扶贫、工银聚等项目成功投产。

三、农业银行的区块链技术应用情况

移动互联网、大数据、云计算、人工智能、区块链等金融科技，与金融加速融合，颠覆了传统商业银行的业务逻辑和服务模式，也为破解农村金融的服务难题提供了有效的途径。2018 年 12 月，农行推进数字化在农村金融服务的创新应用，积极利用互联网的思维和金融科技来创新服务三农的模式，为农民提供更加便捷化、综合化、智能化的金融服务。

推广区块链银行积分体系。鉴于用户行为向线上化、移动化趋势发展，农业银行积极推进在线营销流程，2015 年，农业银行就推出了数字积分系统"嗨豆"以回馈用户。2018 年 8 月，农行推出了基于区块链技术的掌银积分体系"小豆"，以各类权益，激励用户体验掌银功能服务。掌银积分成为依托区块链、大数据、云计算，实现场景化活动策划、精细化活动执行众多营销活动中的一项。当前，小豆乐园累计参与客户超过 1 300 万。

推出数字票据。农行利用区块链信任度高，数字资产流动快速、安全，数据不可篡改，智能合约等特点，创建创新数字票据业务。农行的数字票据业务主要为 E 商管家中核心企业与相关企业服务，使其作为安全高效的区块链支付工具，提高资金使用效率。

积极实践区块链贷款。2017 年 8 月，农行利用底层区块链技术，推出了涉农互联网电商融资系统"E 链贷"。平台提供包括订单采购、批量授信、灵活定价、自动审批、受托支付、自助还款等完整的信贷服务。解决农信贷业务信息不对称、管理成本高、授信难等问题。2019 年 4 月，农行完成首笔区块链农地抵押贷款（遵义市湄潭县试点），提升三农业务效率，拓展服务内涵提供技术手段和商业机遇。

四、中国银行的区块链技术应用情况

中国银行牵头研发了基于区块链的客户信息共享平台"KYC 金融联盟链"。为解决企业、金融机构和政府部门之间的"信息孤岛"难题提供方案。截至 2020 年 12

月 31 日，中国银行共计申请了 55 件区块链专利。

中国银行的区块链应用开发的场景主要有 6 种：数字钱包、贸易融资、房屋租赁、公益扶贫、跨境支付和数字票据。早在 2017 年 1 月，中行就上线 App——区块链电子钱包（BOCwallet）的 IOS 版，钱包地址由 32 位的"数字＋英文字母"组成，可以绑定该行的银行卡号。中行还推出自有"公益中行"精准扶贫平台、贸易融资应用，还与汇丰银行合作开发了一款区块链抵押贷款估值共享系统。其他场景也均有成功案例，或已推出真实产品。2018 年 4 月，中行雄安分行与蚂蚁金服签署了战略合作协议，通过区块链技术在雄安住房租赁相关领域开展合作。

2021 年中国银行发起了"基于区块链的产业金融服务项目"，主要应用于供应链金融场景，面向产业链条上下游及衍生生态的企业客户及个人客户，构建了供应链商流、物流、信息流和资金流"四流"信息上链与可拆转融的数字信用凭证（中银 E 证）相结合的金融生态。

五、交通银行的区块链技术应用情况

2018 年 9 月，交通银行上线了亚洲首单区块链技术 CLO 项目交盈 2018 年第一期 RMBS。通过自主研发的区块链资产证券化平台"聚财链"，资产证券化项目信息与资产信息实现双上链，各参与方在链上完成资产筛选、尽职调查、现金流测算等业务操作，降低操作风险，缩短发行周期，提高发行效率，实现了基础资产快速共享与流转，最大限度地保证了基础资产的真实性与披露的有效性。

2018 年 12 月，交通银行依托区块链技术打造的国内首个资产证券化系统"链交融"正式上线，首批用户同步上链。"链交融"依托第三方专业机构重点布局企业资产证券化业务，将各参与方组成联盟链，有效连接资金端与资产端，利用区块链技术实现 ABS 业务体系的信用穿透，从而实现项目运转全过程信息上链，使整个业务过程更加规范化、透明化及标准化。

2020 年完成的"基于区块链技术的全线上智能资产证券化 (ABS) 平台"项目，建立了由原始权益人、投资人与中介机构组成的联盟链，通过将底层资产全程上链，实现信用穿透，保证资产上链后不可篡改，全程可追溯，降低发行成本。

此外，交通银行的区块链技术在汽车物联网金融领域已落地应用。

六、其他商业银行的区块链技术应用情况

其他商业银行也积极开发区块链技术应用场景。例如，邮储银行在资产托管业务场景中，利用区块链技术实现了中间环节的缩减、交易成本的降低及风险管理水平的提高，这也标志着邮储银行已在银行核心业务中实践区块链；招商银行实现了将区块链技术应用于全球现金管理领域的跨境直联清算、全球账户统一视图以及跨境资金归集这三大场景；民生银行也搭建了区块链云平台，在2017年11月宣布加入 R3 区块链联盟，加入 R3 寻求与国际大型金融机构的合作机会，学习并探索区块链分布式账簿技术的业务模式，并且对区块链共识算法、智能合约、交易记账、数据传输、智能钱包、去中心化应用等进行深入研究。

第三节　普通商业企业区块链征信的应用

2018年，全球共有1175家区块链创业公司先后设立（Blockchain Angeles 统计）。区块链企业分布很不平衡，主要集中在美国、欧洲及中国等少数国家地区。中国专注于区块链的公司多集中在广州、深圳等地。

据统计，截至2020年6月29日，我国共有42748家区块链企业。中商情报网针对关键词为"区块链"的在业/存续企业进行统计，截至2020年7月10日，我国区块链相关企业分布情况（前十名）如表9-1所示。2020年上半年，有8134家企业选择加入区块链行业。区块链产业规模及可落地项目实现了高增长。

表9-1　2020年我国区块链相关企业分布情况（前十名）

序号	省份	企业数量	序号	省份	企业数量
1	广东	25238	6	内蒙古	4532
2	云南	5182	7	山东	4258
3	新疆	5082	8	江西	4181
4	广西	4948	9	四川	4140
5	贵州	4892	10	河北	3904

资料来源：中商情报网（仅统计关键词为"区块链"的在业/存续企业），数据截至2020年7月10日。

从区块链相关企业所属行业来看，我国区块链相关企业分布于零售、金融、教育、建筑等21个行业。其中批发和零售业区块链相关企业数量最多，达到了40248家。其次是采矿业，相关企业为25110家。信息传输、软件和信息技术服务业相关企业为15356家，而金融业有1639家企业与区块链有关。各行业分布情况如表9-2所示。

表9-2　2020年中国区块链相关企业所属前十行业分布

序号	所属行业	企业数量
1	批发和零售业	40248
2	采矿业	25110
3	信息传输、软件和信息技术服务业	15356
4	科学研究和技术服务业	9634
5	租赁和商务服务业	9218
6	制造业	7282
7	金融业	1639
8	建筑业	809
9	居民服务、修理和其他服务业	638
10	交通运输、仓储和邮政业	440

资料来源：中商情报网（仅统计关键词为"区块链"的在业/存续企业），数据截至2020年7月10日。

一、阿里巴巴集团控股有限公司

2015年，阿里成立区块链小组，应用场景分布于公益项目、医疗数据共享、食品安全溯源、跨境个人转账等。阿里一直在研发区块链技术，截至2018年9月，为区块链技术申请了多项专利，其中国际专利266件，国内专利114件，总量排名全球第一。[①]

在区块链具体落地应用层面，阿里主要将区块链技术应用到食品安全溯源、商品正品保障、房屋租赁房源真实性保障甚至公益中。阿里旗下的天猫国际与菜鸟物流，已经全面启用区块链技术跟踪、上传、查证跨境进口商品的物流全链路信息。

___

① 数据来自中国信息通信研究院知识产权中心。

相当于用区块链技术给每个跨境进口商品都打上"身份证"，供消费者查询验证。

二、腾讯科技（深圳）有限公司

2016 年，腾讯基于场景开始开发区块链技术应用，同年与其他商业银行加入了金融区块链合作联盟。以自主可控的区块链基础设施，构建安全高效的解决方案，为企业及机构搭建价值连接器，共同推动价值互联网发展。

2017 年 4 月，腾讯正式发布了区块链方案白皮书，旨在与合作伙伴共同推动可信互联网的发展，打造区块链的共赢生态。同年 11 月，腾讯云正式发布区块链金融级解决方案 BaaS。2018 年则重点发力供应链金融解决方案，以核心企业的应收账款为底层资产，通过腾讯区块链技术实现债权凭证的流转，以保证相关信息不可篡改、不可重复融资、可被追溯，帮助相关各方形成供应链金融领域的合作创新。

2021 年 4 月，由深圳市税务局和腾讯主导推进的《基于区块链技术的电子发票应用推荐规程》（*Recommended Practice for E-Invoice Business Using Blockchain Technology*）国际标准正式通过 IEEE-SA（电子电气工程师协会标准协会）确认发布，成为全球首个基于区块链的电子发票应用的国际标准。它定义了基于区块链的电子发票应用参考框架，提出了技术和安全要求，并给出典型的应用场景描述。促进了区块链电子发票应用的全球共识与推广，引导全球区块链电子发票应用的高质量发展。

三、百度在线网络技术（北京）有限公司

百度从 2013 年开始探索区块链领域，打造了完全自主知识产权的区块链底层技术——超级链（XuperChain）。超级链以自主可控、开源开放的核心技术为主攻方向，专利数突破 425 件，在加密技术、共识算法、智能合约、权限账户等核心技术上实现独创性突破，是国内区块链技术的先行者和领军者。

2017 年 7 月，百度区块链云计算平台"BaaS"开放，"BaaS"是一条公有链，主要协助企业联盟构建自己的区块链网络平台。另外，百度智能云具有高性能，安全可靠的一站式区块链基础设施平台，拥有图腾、度宇宙等先进的 DApp 实践，并提供金融、物联网、游戏等多个行业实践。

2020 年 2 月，百度攻克区块链核心技术，搭建"天平链"等多个电子证据系统，连续两年入选福布斯全球区块链 50 强。

四、中国联合网络通信集团有限公司

中国联合网络通信集团有限公司主要围绕互联网为聚焦领域开展，包括了开源软件超级账本 Hyperledger、分布式数据存储、共识算法计算、P2P 网络通信等众多领域。

早在 2015 年，中国联通研究院就展开了区块链相关理论技术、开源软件、分布式存储、共识算法、应用等研究。中国联通还参与了国家组织的有关数字货币研发工作。2018 年中国联通区块链专利数达到 113 件[①]，获得该年度全球排名第六、国内排名第二、央企排名第一的成绩。

---

① 数据来自中国信息通信研究院知识产权中心。

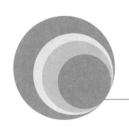

第十章　区块链征信在应用中存在的问题及解决办法

区块链征信在应用中存在的问题及解决办法知识结构导图如图10-1所示。

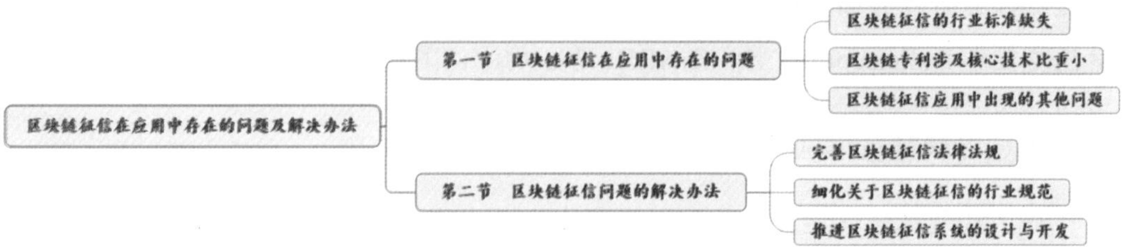

图 10-1　区块链征信在应用中存在的问题及解决办法知识结构导图

第一节　区块链征信在应用中存在的问题

区块链理念在征信行业发展很快，它快速地改变了征信产品设计、营销、运作经营模式。大数据平台的数据庞大、实时动态、价值密度低、数据多样性等特点显著。但总体来看，各家征信机构在实践中应用的业务仍处于"管中窥豹"阶段，业务远未成熟。面临如下几个问题。

一、区块链征信的行业标准缺失

行业标准是对没有国家标准而又需要在全国某个行业范围内统一的技术要求所制定的标准。征信业务平台（公司）是未来的创新基础设施，如果没有行业标准，未来不同链之间的交互操作将面临障碍，直接影响市场交易成本。所以，底层开发平台和应用边界入口等规范化、标准化是一切活动的起点。

区块链征信尚无行业标准，修订更加具体的区块链征信行业标准对征信业健康发展具有重大意义。

二、区块链专利涉及核心技术比重小

根据 Incopat 平台数据，截至 2019 年 6 月 27 日，中国区块链领域专利申请总量为 1490 件（32.61%），美国为 1344 件（29.41%）。然而，分析中国区块链领域专利结构可以发现，在 67 件有效专利中发明专利只占 50%，大部分专利围绕存证溯源、数字钱包等应用领域进行设计，较少涉及核心技术，这反映出专利总体含金量不高。

169

在解决数据共享的各种弊端，尤其是在实现交易可验证、账本数据可靠性、区块链隐私保护等方面，有效的密码算法设计开发能力弱。例如，零知识证明的代表算法主要有 Bulletproofs、zk-SNARKs 等，均源自国外。

三、区块链征信应用中出现的其他问题

在区块链征信落地应用的实践过程中，还出现了以下问题：征信数据块的生成规则不完善、信息区块容量受限、区块上链认证运算能耗高、交易打包时间长、区块链信息延迟、区块链信息吞吐量小、征信信息不可修正。这些问题如果不能有效解决，将影响区块链征信发展。

第二节　区块链征信问题的解决办法

一、完善区块链征信法律法规

（一）生成征信数据区块法律主体的认定

对生成区块的授权是区块链技术应用的起点。从市场角度看，拥有交易资料的机构有中国人民银行征信中心、银行机构、互联网金融平台、合法参与交易的自然人与企业法人、电商平台等，它们有市场主体的资质，是独立民事主体，可在业务中获取海量交易数据，且有生成交易数据区块的利益驱动。各主体经过法律认定后成为不同的网络节点，所有的节点都有权生成区块，并向其他节点广播。

（二）明晰数据块资产确权

各运营主体生成征信数据块，也同步实现了产品的自然确权，并产生法律效力。区块链征信技术可以实现征信机构数据资源在不泄露的前提下，进行多源交叉验证与共享，有效杜绝区块数据造假问题，保障了信用数据源的真实性。

（三）促进创建国家标准与互联网大数据

2020 年 3 月，中国人民银行公布《金融分布式账本技术安全规范》《分布式账本贸易金融规范》，同时还积极推动《金融分布式账本技术应用参考架构》《金融分布式账本技术应用评价体系》等有关标准的创建与应用。

鼓励金融科技企业加强区块链技术的产品研发，通过行业联盟促进其在金融领域落地，通过互联网平台，在跨境支付、贸易结算、供应链融资等业务中将大数据和区块链技术相结合，使国内产业立足国际前沿。

二、细化关于区块链征信的行业规范

建立健全区块链技术应用行业规范，提高经营效率，防止资源浪费，定期开展外部安全评估，推动区跨链技术在金融领域的规范应用。

由于区块链征信是新生事物，多数场景、具体活动并无经验，所以不宜过早过细地出台专项监管法规（防止过度制约业务创新），但须由行业协会等组织提出粗线条的行业规范，弥补法律约束的空白，达到对区块链征信市场主体的约束目的。

三、推进区块链征信系统的设计与开发

相关政府管理机构就区块链技术与征信活动结合进行科研攻关，围绕区块链的核心技术构架设计总体运营机制，依据征信管理顶层设计，对区块链技术进行嫁接改造开发应用软件系统，助力征信活动效率跃升。当前区块链落地需要解决如下基础问题。

（一）出台征信业区块链应用标准

区块链征信业务平台是国家提出的创新基础设施，如果缺乏统一规划和行业标准的约束，未来不同链之间的交互操作将出现种种障碍，直接影响区块链的应用效果。所以，对底层开发平台和应用边界入口等规范化、标准化设计是一切活动的起点。

省内的征信数据区块标准化可以通过以下办法实施：政府征信主管部门依据国家区块标准化规则，提出征信体系的设计要求和软件开发的总体规划，通过项目实施，并引导企业进行标准化建设，有资质的企业通过承担项目完成行业术语、业务定义、具体指标等基础工作，通过隐私保护和身份认证等环节实现征信数据块标准化，并进行示范与推广。

（二）推出区块链征信设计与开发项目

鉴于我国信用体系的政府主导模式，区块链征信机制开发以"公有链＋联盟链"[①]

[①] 公有链是指任何人都可以随时进入系统中读取数据、发送可确认交易、竞争记账的区块链。比特币、以太坊是最有代表性的公有链。

为宜，政府做公有链支撑、行业协会或征信机构做联盟链辅助。公有链开发难度大，费用高，后期还有媒体宣发及运维成本，以项目开发形式为佳。

（三）信息区块分离存储

在市场上，信息资源是一种价值载体，共享应以支付费用为前提。为保证信息主体的产权，可以将区块头与区块体分离存储。比如，用"统一社会信用代码"或身份证号、交易发生时间等要素，生成 Hash 值，形成区块头索引，政府管理平台或市场化数据平台只收集区块头，并以之生成数据库（提供信息查询索引），用 Hash 保持与相应区块体的查询链接。这样既可以保证信息产权，也实现了信息的全面应用，降低了数据库容量，常见信息区块索引的构建办法如图 10-2 所示。

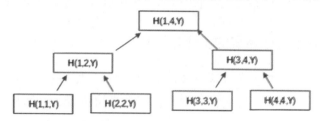

图 10-2 常见信息区块索引的构建办法

（四）改善区块容量受限问题

经典的区块链系统只能做到节点的分布式，在数据存储上还没有细化提供满足个性化需求的多模式分布式解决方案。征信区块若做单一链条还须解决容量延展问题，单个区块容量有限，比如比特币的所有交易数据已经超过 150G，并且只能部署在单台机器上。随着时间的推移，这些交易数据将持续增加，为了应付不断增长的交易数据，只能增加单台主机的存储。这种存储方式在遇到存在海量数据的业务场景中会带来隐患，所以搭建云平台是可行办法。

（五）解决区块上链认证运算能耗高问题

PoW 能耗高。原生态的区块链理论是一个高耗能的系统，为维护区块链的真实和完整性，其每秒运算能力达到了 7 万亿次。用"双链并行""中心 + 节点"平行运营模式，通过对节点的资质认证，可解决区块上链反复认证能耗高的问题。

（六）解决区块链信息吞吐量小难点

信息吞吐量小也是区块链技术落地征信行业面对的一个重要问题，从理论上讲，区块链的速度与吞吐量的提高是以去中心化为代价的。EOS、NEM 等通过高度集中办法，提高了区块链交易速度。目前全球最有代表性的两个公链是比特币系统和以太坊系统。

但是，无论 PoW 还是 PoS，其输出的速度上限取决于网速和计算机的计算和响应速度。单纯地提高区块大小或者减少区块生成之间的时间不能从根本上解决问题。区块传输验证需要时间，如果区块太大，会增加网络节点不一致性（分叉变多），进而影响其可靠性。

（七）解决区块链信息延迟问题

BFT（拜占庭容错）算法的瓶颈在于 $O(N2)$ 的传输复杂度，如果发 N 条信息，想要确认所有诚实节点都准确无误地收到并确认这条信息，消息复杂度至少是 $O(N2)$。

经典的区块信息打包上链技术，在时间上不能满足峰值交易需求，比如，2020 年"双十一购物节"期间，我国网联跨机构交易处理峰值超过 9.2 万笔 / 秒，而支付宝公布的 2017 年"双十一购物节"支付峰值达到 25.6 万笔 / 秒。

另外，交易确认时滞过长。共识机制需要平衡效率与安全的关系——安全措施越复杂处理速度越慢，如果要提高处理速度，一定需要降低安全措施的复杂度。在技术层面，链条中的母链分叉、网络结构设计，也需要适用性改进。

（八）设计上链信息附条件修正路径

按照区块链设计原理，区块信息一旦上链，就不可修改，数据难以更正。而征信业务中需要有信用修复环节，以达到"褒扬诚信、惩戒失信"的效果。因此，解决征信区块信息不可修正问题也须在应用中得到妥善处理。最简洁的办法是在生成区块头时做出特殊标记（如编码等），以示交易主体有"信用修复"记录。

（九）保证上链信息的真实性

事实上，在频繁的市场交易中，区块链的溯源技术并不能保证上链信息的真实性，企业之间、个人之间交易信息（如合同、票据、资金划拨等）的真实性需要确认。日常交易多是通过线下签订合同，然后将相关数据上链确认，正是在此环节，信息验证仍需要依靠具备法律效力的公证机构认定，适用于征信活动的更多种场景的信息区块需要程序开发过程中不断完善与修正。

173

第十一章　区块链征信监管

区块链征信监管知识结构导图如图 11-1 所示。

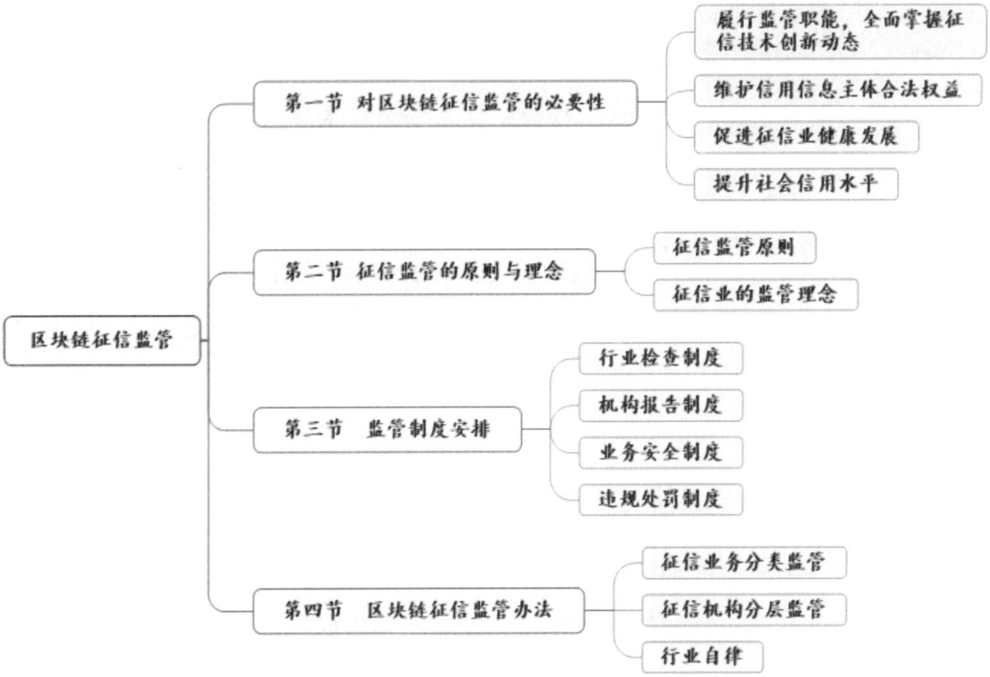

图 11-1　区块链征信监管知识结构导图

第一节　对区块链征信监管的必要性

金融创新通常会先于监管出现，市场现象先行，监管约束后至。然而，如果监管过于滞后，将导致金融发展失序和风险积聚。因此，在信息科技时代，遵循区块链征信发展趋势，推动监管科技建设，缩短创新与监管之间的距离是世界各国无法回避的问题。

征信监管的主要目的是规范征信机构的行为，维护征信市场的正常秩序，保护企业和个人的合法权益，促进信息共享，推动征信市场健康稳定发展。加强征信监管的意义主要表现在以下几个方面。

一、履行监管职能，全面掌握征信技术创新动态

区块链技术在征信业务中的应用，可能会带来双刃剑的效果。相对于区块链征

177

信的快速发展，传统征信监管策略和技术手段明显滞后，监管手段单一、影响力有限，已无法满足实际监管需求。因此，我们应密切关注区块链征信的发展动态，紧跟金融科技创新前沿，积累技术创新经验，为区块链征信业务监管奠定理论基础。

我国征信监管机构肩负着维护社会主义市场经济秩序的重要职责，市场信用是市场管理的核心。面对新形势、新任务、新情况，必须以创新的精神主动、自觉地推进征信市场监管工作。征信监管机构通过对征信业的市场准入、运作和退出的日常监管，保证有关法规制度的贯彻执行。市场准入监管包括对征信机构资格的认定、征信从业人员资格的审查以及可以从事的征信业务的界定；监管已进入的市场主体依法合规运作，保证信用产品的质量；对违法违规机构和个人，依法予以惩处，包括吊销营业执照和取消从业资格等。

二、维护信用信息主体合法权益

尽管征信业涉及征信机构、征信产品使用者和信息主体等多方利益，但征信的实现需要在信息开放与隐私权保护之间取得平衡。从某种意义上说，保护商业机密和个人隐私比信息市场化更为基础和重要。因此，必须通过法律明确赋予信用信息主体知情权、异议权、纠错权、司法救济权等权利，同时征信管理机构还须为征信业各方提供沟通平台，营造良好的信息保护环境，维护信用信息主体的合法权益，维护市场经济秩序。

例如，《个人信用报告》作为一种信用产品已经走进千家万户，逐渐渗入每个人的生活。该报告所提供的信息不仅关乎信息主体的隐私权、名誉权等基本人格权，也关系到信息主体在社会金融资源分配过程中获取份额的大小。如何把握尺度，提供来自各种渠道的信息数据，保护信息主体的合法权益不受侵害，已成为有关各方越来越关注的问题。

三、促进征信业健康发展

目前，诚信体系的建设已成为社会治理体系的重要组成部分。然而，市场的自然发展无法满足现实需求的紧迫性。因此，必须采取政府主导推进与政府持续监管相结合的运作模式，促进征信业健康发展。

随着区块链在征信领域的创新和应用，信息源逐渐复杂、信息量极速膨胀、信用信息的真实性、从业人员的专业性、信息滥用、隐私泄露等问题也随之出现。为了防止行业"野蛮"生长，消除行业乱象，需要通过监管活动加以规范。

作为政府推进的执行者，征信管理机构应制订征信业发展的整体规划，培育市场需求主体，规范业者行为，解决实业界在投融资活动中的信息不对称难题，引导社会投资，以加快征信市场的形成和发展。同时，通过监管可以保护和促进征信机构开展公平竞争，防止个别征信机构垄断经营，尤其是对信用信息的垄断。这将确保征信机构健康有序地运作，从而促进征信业的发展。

四、提升社会信用水平

征信体系是社会信用体系的重要组成部分，随着我国征信体系的逐渐完善，征信产品和服务得到了广泛应用。通过"守信激励、失信惩戒"机制，形成了大量的征信奖罚信息，增强了人们的信用意识，同时也增强了人们自我约束和自我保护的能力。

征信监管则是保证社会信用体系建设稳步、有序前进的根本手段。征信监管增强了征信主体的守法意识，净化了征信行业，为培养社会成员诚信意识、营造优良营商环境、提升国家整体竞争力、促进社会发展和文明进步做出了贡献。

第二节　征信监管的原则与理念

征信监管是对征信行业、征信机构和征信从业人员的活动进行监督和管理，旨在规范市场主体行为，保障行业的健康发展。国务院征信业监督管理部门及其派出机构依照法律、行政法规和国务院的规定，履行对征信业和金融信用信息基础数据库运行机构的监督管理职责。

一、征信监管原则

2015 年，中国人民银行下发了《征信机构监管指引》，规定了对征信机构实施监督管理的三原则：依法合规、权益保护和全面覆盖。

（1）依法合规原则要求中国人民银行及其分支机构在监管征信机构时必须遵守法律法规，规范征信业的健康发展。

（2）权益保护原则强调了保障信息主体合法权益的重要性，要求监管部门切实维护信息主体的利益。

（3）全面覆盖原则要求监管部门对征信机构的公司治理、内控制度、业务活动和信息安全等方面进行监管。

在监管活动中，应采用"警示在先、惩戒在后，立信为主、处罚为辅"的方法，强化事前警示的作用，以处罚惩戒和事后惩戒为辅助，将失信约束提到事前。

二、征信业的监管理念

（一）监管活动与市场创新匹配

随着信息科技和数字技术的快速发展，征信活动中的科技元素日益增多，并与征信业务和场景深度融合。因此，监管部门也需要顺应数字金融发展趋势，应用监管科技来探索新的运行规律，以保障征信市场的健康发展。

信息网络科技在监管场景中的应用充分体现了科技作为第一生产力的重要价值和旺盛生命力。如何运用经济适用且高效率的监管科技手段来识别、发现和预警征信业发展中的相关风险已成为各国金融监管部门以及行业自律组织面临的新课题。

（二）动态性和全局性监管

科技驱动的数字金融发展趋势对加快监管科技建设提出了更高的要求。考虑到宏观和微观因素对金融活动影响的复杂多变性，对征信业运行规律的把握必须具有动态和全局思维。只有充分研读并及时全面掌握法律法规、监管规定、行业标准，结合技术变迁、场景融入、市场需求等多重因素，才能发掘出网络信息时代征信活动的运动轨迹和运行规律，准确捕捉到风险线索。

（三）适度监管

区块链征信是信用产业的新业态，也是社会信用体系构建和革新的新渠道。它可以提升中国社会信用管理水平，在信用交易活动、信用法律实施、信用教育培训、信用监管、信用奖惩等方面产生重大影响。

由于区块链征信是新生事物，多数场景和具体活动并无经验，因此需要兼顾技术革新与金融安全。不宜过早过细地出台专项监管法规（以防止过度制约业务创新），但需要由行业协会等组织提出粗线条的行业规范，代替法律约束的空白，达到对区块链征信市场主体的约束目的。

（四）培育行业龙头与反垄断并重

培育行业龙头和反垄断两者与行业发展的不同阶段有密切关系。

培育龙头企业是征信业发展初级阶段的重要战略方针，反垄断是行业发展到一定水平，形成过度集中的经营环境时必须采取的监管手段。

第三节　监管制度安排

一、行业检查制度

根据我国《征信业管理条例》规定，国务院征信业监督管理部门及其派出机构可以依照法律、行政法规和国务院的规定，进入征信机构、金融信用信息基础数据库运行机构进行现场检查。在检查过程中，他们有权询问当事人和与被调查事件有关的单位和个人，查阅、复制与被调查事件有关的文件、资料，并检查相关信息系统。这些措施旨在确保征信业的合法合规运营，保护消费者和金融机构的权益。

二、机构报告制度

根据我国《征信机构管理办法》，企业征信机构和个人征信机构需要在每年第一季度末向中国人民银行报告上一年度的征信业务开展情况。报告内容应包括信用信息采集、征信产品开发、信用信息服务、异议处理以及信用信息系统建设情况，以及信息安全保障情况等。

此外，征信机构还需要按照规定向中国人民银行报送征信业务统计报表、财务会计报告、审计报告等资料。征信机构应对所报送的报表和资料的真实性、准确性和完整性负责。

三、业务安全制度

征信机构应当按照国家信息安全保护等级测评标准，对信用信息系统的安全情况进行测评。对于信用信息系统安全保护等级为二级的征信机构，应每两年进行一次测评；而对于信用信息系统安全保护等级为三级及以上的征信机构，则应每年进行一次测评。

个人征信机构在获得具有国家信息安全等级保护测评资质的机构出具的测评报告后，应在 20 日内将该报告报送给中国人民银行。企业征信机构则需要将测评报告报送备案机构。

如果经营个人征信业务的征信机构、金融信用信息基础数据库或向其提供或查询信息的机构发生重大信息泄露等事件，国务院征信业监督管理部门可以采取临时接管相关信息系统等必要措施，以避免损害扩大。

此外，国务院征信业监督管理部门及其派出机构的工作人员在工作中知悉的国家秘密和信息主体的信息应当依法保密。

四、违规处罚制度

（一）依据当前已有法律法规进行处罚

国家针对征信业、征信机构和征信从业人员的违规行为实施处罚。例如，未经批准擅自设立征信机构并从事征信活动的，将由国务院征信业监督管理部门取缔，没收违法所得，并处以 5 万元以上 50 万元以下的罚款；如果构成犯罪，则依法追究刑事责任。

对于征信机构申请人隐瞒有关情况或提供虚假材料的情况，可以责令其整顿。如果情节严重或拒不整顿，中国人民银行将吊销其个人征信业务经营许可证。

如果征信机构的高级管理人员任职资格中有隐瞒有关情况或提供虚假材料的情况，中国人民银行将不予受理或核准其任职资格，并给予警告。已经核准的，将取消其任职资格。禁止上述申请人在 3 年内再次申请任职资格。如情节严重，将处以 1 万元以上 3 万元以下的罚款。

（二）继续完善多层次失信惩戒制度

1. 行政处罚

政府应尽快建立行政性惩戒机制，由政府部门对违规违法行为进行记录、警告、处罚、取消市场准入等监管手段。在执行过程中，应严格依法办事，注重程序，避免侵犯个人隐私和商业秘密。

2. 行业约束

建立行业自律制度，即行业协会、商会制定的行业自律性惩戒条文。应充分利用行业协会的作用，通过制定行规行约和完善行业自律制度，提高行业自律水平，使失信者无法在社会和本行业立足。

3. 市场手段

金融机构、信用服务机构、市场主体可以采取市场性惩戒措施，如降低信用等级。这些机构应根据个人和企业信用记录的好坏，在金融服务、社会服务等方面给予不同的待遇。信用记录好的，给予优惠和便利；信用记录不好的，则给予严格限制。

4. 法律手段

司法机关和公安机关可以采取法律手段进行惩戒，主要是依法追究严重失信者的民事或刑事责任。例如社区义务劳动、社区矫正、罚款、各类短期刑罚等，使失信者付出各种形式的代价以抵补其造成的社会危害。

第四节　区块链征信监管办法

一、征信业务分类监管

我国实现征信业务分类监管。主要以企业征信和个人征信为分类依据，在市场准入、业务标准、经营的审慎性等方面加以区别。

（一）个人征信业务监管

征信业是一个将个人信用信息依法进行产业化共享的行业。在征信市场准入和业务活动开展中，应坚持三个原则：第三方征信的独立性原则、征信活动中的公正性原则以及个人信息隐私权益保护原则。

为了加强对个人征信机构的管理，《征信机构监管指引》要求个人征信机构按注册资本总额的 10% 提取保证金，以应对信息主体法律诉讼、侵权赔偿等事项。

在监管中需要注意几个尺度。第一，需要正确理解征信。征信主要考察借款人的还款意愿和还款能力，而不是仅看他的还款能力。因此，大数据不是征信，征信和诚信也有区别。第二，个人征信机构不应该过于分散，数量不能太多，市场准入的门槛较高。第三，征信不应当通过对个人"画像"，把社会公众"画成"三六九等。

第四，征信机构不能滥用客户信息。征信机构应从保护个人信息、保护个人隐私权益方面出发，所有信息使用应该授权、特定用途、特定授权，不能一次授权反复使用、多次使用、无限使用。第五，征信产品的运用场景应该主要在信贷领域，而不是什么领域都能用征信产品。

（二）企业征信业务监管

设立经营企业征信业务的征信机构应当符合《中华人民共和国公司法》的规定。在登记机关准予登记后，该机构应向所在地的征信监管部门备案，并提供相关材料。

征信机构可以通过多种渠道采集企业信息，包括信息主体、企业交易对方、行业协会、政府有关部门依法已公开的信息以及人民法院依法公布的判决、裁定等。但是，征信机构不得采集法律、行政法规禁止采集的企业信息。

征信业监管部门应向社会公告经营个人征信业务和企业征信业务的征信机构名单，并及时更新。

二、征信机构分层监管

我国对不同性质的征信机构赋予不同权限、不同范围的业务功能，实现了分层监管。

（一）对国家征信机构的监管

2006 年 3 月，经中编办批准，中国人民银行设立了中国人民银行征信中心。该中心作为直属事业单位，专门负责企业和个人征信系统的建设、运行和维护。征信数据以国家设立的金融信用信息基础数据库为基础，业务活动受到中国人民银行的指导监督。

（二）对行业协会背景的征信机构的监管

百行征信是由中国互联网金融协会和 8 家互联网金融企业共同注资成立的。

2018 年 3 月，该机构通过了中国人民银行的审批，获得了我国第一张全国范围的个人征信业务牌照。2020 年 7 月，百行征信完成了企业征信业务经营备案，成为国内拥有个人征信和企业征信双业务资质的市场化征信机构。

央行征信管理局对百行征信的监管一视同仁。2023 年 7 月，征信业务迎来了"断直连"时刻，央行要求数据平台不再直接与金融机构对接，市场化大数据场景有利于百行征信业务拓展，但其日常经营须符合《个人信息保护法》的要求。

2023 年 7 月，百行征信有限公司由于违反征信机构管理规定、违反信用信息采集、提供、查询及相关管理规定等原因，央行对其警告并罚款 51.5 万元，并连带具体业务负责人。

（三）对一般民营征信机构的监管

严格控制征信机构的资质，尤其是从事个人征信业务的机构资质是征信监管的基本原则。与个人征信业务监管相比，对企业征信业务监管把控较宽。企业征信实行备案制度，企业征信机构向所在地的中国人民银行省会（首府）城市中心支行以上分支机构办理备案，提交可以证明企业具备从事企业征信活动资质的相关资料即可。但这些资料不能视作企业征信机构征信数据质量、服务水平、内控与风险管理能力、IT 技术实力、业务合规情况等的保证。

截至 2021 年年初，在中国人民银行备案的征信机构有 131 家，可承担信用修复工作的征信机构有 62 家。根据 2013 年中国人民银行颁布的《征信管理条例》，个人征信机构的注册资本由此前的 500 万元提高至 5000 万元，并要求至少缴纳 10% 的保证金。

（四）对外围数据供应商的监管

根据征信监管相关法律法规要求，非持牌机构不得从事征信活动。虽然征信活动是一种信息服务，但并非全部都是征信。然而，这些非持牌机构可以成为向征信机构提供征信数据的合作方。

例如，金融机构应当根据中国人民银行的有关规定，制定相关信用信息报送、查询、使用、异议处理、安全管理等方面的内部管理制度和操作规程，并报中国人民银行备案。商业银行管理员用户、数据上报用户和查询用户不得互相兼职。

如果互联网金融平台或大数据平台违反规定，篡改、毁损、泄露或非法使用个人信用信息，或者与自然人、法人或其他组织恶意串通，提供虚假信用报告，那么将由中国人民银行依法给予行政处分。涉嫌犯罪的情况将被移交司法机关处理。

三、行业自律

行业自律的目的是规范行业行为，协调同行利益关系，维护行业间的公平竞争和正当利益，促进行业发展。行业自律包括对国家法律、法规政策的遵守和贯彻，以及行业内行规行约的自我约束，是对行业内成员的监督和保护。

市场主体自律管理是市场监管的重要组成部分，是市场化约束的提炼与升华，有助于征信市场的培育。自律管理能够规范征信交易行为，在提升市场运营效率、塑造行业道德规范方面发挥积极作用。

随着社会信用体系的发展，征信数据海量膨胀成为必然，越来越多的企业、个人的信息流入数据库中，对市场主体的自律要求是建设有效市场的必要条件。

（一）行业自律的内涵

一般来说，行业自律主要有以下几个方面。

（1）维护行业、企业利益。行业协会的首要职责就是维护本行业和企业的利益，避免恶性竞争，维护本行业持续健康地发展。

（2）约束会员单位执行与信用、征信相关的法律法规。落实国家各位阶的法律，包括与信用和征信相关的基本法、普通法、行业管理办法、政府监管部门的通知、要求等。

（3）制定和认真执行征信业行规行约。"行规和行约"是行业内部自我管理、自我约束的一种措施。行规和行约的制定和执行对会员无疑起到一种自我监督的作用，推动本行业规范健康地发展。

（4）向客户提供优质、规范服务。行业协会号召企业或个人，从我做起，向客户提供优质、规范服务，提升行业形象。

（5）树立行业协会的权威。行业协会对行业有监督职能，行业自律建立在行业协会的基础之上。如果行业没有行之有效的行业协会，行业自律也就无从谈起。

行业自律是市场经济的必然产物。每个行业只有认真地做好了行业自律的工作，本行业才能在竞争激烈的市场中生存下去，我们也才能有一个健康有序的市场。

（二）完善征信行业自律组织

发挥行业协会的自律优势，建立章程统一、管理规范的运行机制，为征信市场的有序竞争和规范发展奠定基础。作为社会团体，行业协会在履行自律职能时，其工作对象是会员组织；在履行国际市场开拓职能时，其工作对象是外国政府组织和同行。

根据不同的业务范围或专业领域，可以组建信用管理服务协会。通过行业协会来搭建信用服务机构与政府之间的联系平台，发挥沟通、咨询、中介和服务的功能，提出行业发展和有关立法的建议，开展交流与培训，加强行业自律，强化会员的守信和维权意识，惩戒失信行为，以此来加快我国征信体系建设的进程。

中国信息协会信用信息服务专业委员会是我国信用行业首批正式成立的社团组织之一，也是未来行业协会的雏形。它是我国信用行业从分散经营、无序竞争到联合经营协调发展的开端，对推动行业技术标准的统一、促进信用数据的共享减少重复建设、营造良好信用业营商环境起到了促进作用。

（三）制定并推行严谨的行业自律公约

行业自律公约，又称行业自主管理公约、公契，是指行业自律组织为了保障本行业的持续健康发展和成员的共同利益而制定的对全体行业自律组织的成员具有普遍约束力的行为规范。它是行业自律管理中普遍存在的一种规范性法律文件。

征信行业自律公约是行业会员在平等协商的基础上制定的，事实上也是各个会员通过协商而制定的契约。在古罗马，契约在当事人之间具有"法锁"的效力，即在当事人之间具有相当于法律的规范效力。因此，行业自律公约作为行业会员权利行使和义务履行的基本规则，是行业自律管理顺利进行的重要保证。

（四）营造自律氛围，惩戒失信行为

在社会征信建设中，对失信行为的惩戒制度是极为重要的一环。因此，一方面需要从立法角度对市场主体背信行为进行明确的界定，细化市场主体因违背信用义务应承担的法律责任，营造自律氛围。另一方面要执行失信惩戒制度，严格依法追究失信人的法律责任，减少商业欺诈行为和投机行为。

同时，应该引导正向激励机制，政策向诚实守信的消费者倾斜，对守信者进行精神或物质上的激励，比如，降低守信市场主体获取资本的门槛、在社会信用领域宣传学习等。这样可以鼓励更多的市场主体遵守信用规则，提高整个社会的信用水平。

（五）注重保护个人隐私及商业秘密

社会信用体系的建设需要消费者个人和企业信用数据和信息的开放，但全部开放可能会损害个人隐私权和企业的合法权益。在征信领域，信息公开和个人隐私保护、企业商用秘密保护需要有精巧的平衡。

征信机构在发挥其重要职能，解决市场信息不对称的同时，必须坚守公平、公正的立场，并尊重消费者的隐私权。美国的征信业比较发达，《信息自由法》规定政府信息公开是原则，不公开是例外。而在我国，《征信业管理条例》规定除法律法规

授权的具有管理公共事务职能的组织已经依法公开的信息和其他已经依法公开的个人信息外，征信机构收集、保存、加工个人信息应当直接取得信息主体的同意。

在使用方面，只有满足一定条件，征信机构才能提供自然人的信用信息：一是自然人要求查询或授权他人查询自身信息的；二是金融机构对自然人提供信贷、保险等服务的；三是公用事业单位对自然人提供服务的；四是商业企业对自然人提供赊销服务的；五是用人单位招聘员工的；六是征信机构之间交换信息的；七是行政机关、司法机关依法查询有关信息的；八是法律、行政法规规定可以披露的。

参考文献

[1] 郭文，王一卓，秦建友. 大数据背景下我国个人征信体系建设研究 [J]. 现代管理科学，2018（6）：112-114.

[2] 吴晶妹. 未来中国征信：三大数据体系 [J]. 征信，2013（1）：4-12.

[3] 万存知. 征信体系的共性与个性 [J]. 中国金融，2017（1）：40-42.

[4] 吴晶妹. 展望 2017 年中国征信：尊重市场 加强监管 稳步发展 [J]. 征信，2017，35（1）：8-14.

[5] 邓超文. 当前社会信用体系建设及征信体系架构分析 [J]. 中国市场，2017（13）：38-40.

[6] 塔琳，李孟刚. 区块链在互联网金融征信领域的应用前景探析 [J]. 东北大学学报（社会科学版），2018，20（5）：466-474.

[7] 王俊生，何清素，聂二保，等. 基于区块链的修正 KMV 模型在互联网金融征信中的应用——以弱信用群体为例 [J]. 征信，2017，35（9）：35-39.

[8] 李稻葵，刘淳，庞家任. 金融基础设施对经济发展的推动作用研究——以我国征信系统为例 [J]. 金融研究，2016（2）：180-188.

[9] 程华，杨云志. 区块链发展趋势与商业银行应对策略研究 [J]. 金融监管研究，2016（6）：73-91.

[10] 刘桂荣. 金融创新、金融科技与互联网金融征信 [J]. 征信，2018（3）：16-21.

[11] 王琦. 大数据环境下开放信息资源共享平台构建研究 [J]. 信息与电脑，2018（10）：12-13.

[12] 龙海明，申泰旭，吉余道. 信用信息共享对商业银行风险承担的影响分析 [J]. 浙江金融，2015（4）：41-47.

[13] 韩鹏. 我国个人征信体系构建研究 [J]. 河北经贸大学学报，2016（6）：53-58.

[14] 张帆，唐清利. 社会征信体系构建中的信息公开、权益平衡与立法重构：以个人隐私权保护为中心 [J]. 湖南社会科学，2014（6）：74-78.

[15] 赵园园. 互联网征信中个人信息保护制度的审视与反思 [J]. 广东社会科学，2017（3）：212-220.

[16] 刘新海，丁伟. 大数据征信应用与启示：以美国互联网金融公司 ZestFinance 为例 [J]. 清华金融评论，2014（10）：93-98.

[17] 叶文辉.大数据征信机构的运作模式及监管对策：以阿里巴巴芝麻信用为例 [J].国际金融，2015（8）：18-22.

[18] 孙文娜，胡继成，白泽华.中国第一家公共征信机构——联合征信所的成立及运作 [J].征信，2021，39（09）：63-71.

[19] JAPPELLI T，PAGANO M. Information sharing incredit markets：a survey[J].DSEF Workingpapers，2000，48（5）：1693-1718.

[20] BENNARDO A，PAGANOAND M，PICCOLO S. Multiple bank lending，Creditor Rights，and information Sharing[J].Review of finance，2015，19（2）：519-570.

[21] CROSMAN P．Zest finance aims to fix under banked under writing[J].American Banker，2012.

[22] HOOFIIAGLE C J. How the fair credit requiting act regulates big data[J].Social Science Electronic Publishing，2013：1-6.